Penguin
Random
House

THE VISUAL ENCYCLOPEDIA OF "STRANGE BUT TRUE!"

ウソのような現実の大図鑑

アンドレア・ミルズ 著《ちょ》

東京書籍

DK | Penguin Random House

Senior editor Victoria Pyke
Editor Jenny Sich
Editorial assistant Charlie Galbraith

Senior designer Sheila Collins
Designer David Ball
Additional design assistance
Stefan Podhorodecki, Jemma Westing

Managing editor Linda Esposito
Managing art editor Philip Letsu

Fact checking Hazel Beynon
Picture research Nic Dean, Sarah Smithies
Illustrator Stuart Jackson Carter
Creative retouching Steve Willis
Jacket design Mark Cavanagh
Jackets coordinator Claire Gell
Jacket design development manager
Sophia M Tampakopoulos Turner
Producer (pre-production) Nikoleta Parasaki
Acting Senior Producer Vivienne Yong

Publisher Andrew Macintyre
Art director Karen Self
Associate publishing director Liz Wheeler
Publishing director Jonathan Metcalf

First published in Great Britain in 2015
by Dorling Kindersley Limited
80 Strand, London WC2R 0RL

Published in Japan by Tokyo Shoseki Co., Ltd.

ISBN: 978-4-487-80974-5

Printed and bound in China

ウソのような現実《げんじつ》の大図鑑《だいずかん》

2016年7月21日　第1刷発行

著者　アンドレア・ミルズ
監訳　増田《ますだ》まもる
訳　瀧下哉代《たきしたかなよ》
翻訳協力　株式会社トランネット http://www.trannet.co.jp
編集担当　小島卓
発行者　千石雅仁
発行所　東京書籍株式会社
〒114-8524　東京都北区堀船2-17-1
TEL 03-5390-7531（営業）　03-5390-7526（編集）
http://www.tokyo-shoseki.co.jp

ISBN978-4-487-80974-5　C0640

もくじ

地球《ちきゅう》がつくる芸術《げいじゅつ》

地獄《じごく》の門《もん》　6
地球《ちきゅう》の塩《しお》　8
時《とき》が刻《きざ》まれた場所《ばしょ》　10
水玉模様《みずたまもよう》の湖《みずうみ》　12
神秘《しんぴ》の井戸《いど》　14
妖精《ようせい》の煙突《えんとつ》　16
虹《にじ》の絶景《ぜっけい》　18
危険《きけん》な感《かん》じの岩《いわ》たち　20
華麗《かれい》な間欠泉《かんけつせん》（ガイザー）　22
ジャンボな氷河《ひょうが》　24
地獄《じごく》の釜《かま》のような暑《あつ》さ　26
空《そら》に浮《う》かぶ島《しま》　28
レインボー温泉《おんせん》　30
眺《なが》めのいい羊《ひつじ》　32
凍《い》てついた地底《ちてい》の世界《せかい》　34
クールな洞窟《どうくつ》　36
石化《せっか》した森《もり》　38
赤信号《あかしんごう》!　40
巨人《きょじん》の石道《いしみち》　42

人間《にんげん》がつくる驚異《きょうい》

砂漠《さばく》の砂絵《すなえ》 46
素焼《すや》きの軍隊《ぐんたい》 48
ハッピーエンド 50
秘密都市《ひみつとし》 52
謎《なぞ》のモアイ 54
最高《さいこう》の住《す》まい 56
深《ふか》～い深呼吸《しんこきゅう》 58
激流《げきりゅう》の綱渡《つなわた》り 60
ハニーハンター 62
最強《さいきょう》の塔《とう》 64
街《まち》が真《ま》っ赤《か》になる祭《まつ》り 66
楽《たの》しい祭《まつ》り 68
雪《ゆき》の彫刻《ちょうこく》 70
飛行機《ひこうき》マニアの楽園《らくえん》 72
究極《きゅうきょく》の決断《けつだん》 74
ラクダのカメラマン 76
命知《いのちし》らずのクライマー 78
最高《さいこう》のコンディション 80
手編《てあ》みのバスケット・ビル 82
ブルーな街並《まちな》み 84

奇怪《きかい》な植物《しょくぶつ》たち

はかない花《はな》 88
誘惑《ゆうわく》の唇《くちびる》 90
変装《へんそう》する花《はな》たち 92
植物界《しょくぶつかい》の殺《ころ》し屋《や》たち 94
生《い》きている橋《はし》 96
血《ち》を流《なが》す木《き》 98
奇々怪々《ききかいかい》な樹々《きぎ》 100
砲丸《ほうがん》を降《ふ》らせる木《き》 102
藻《も》の猛攻撃《もうこうげき》! 104
腐臭《ふしゅう》を放《はな》つ花《はな》 106
お化《ば》け植物《しょくぶつ》 108
自転車《じてんしゃ》を飲《の》み込《こ》んだ木《き》 110
海辺《うみべ》に「天《あま》の川《がわ》」出現《しゅつげん》! 112

おもしろい動物《どうぶつ》たち

カニの行軍《こうぐん》 116
ゾウと勝負《しょうぶ》 118
ドリームチーム 120
チョウたちの駅伝《えきでん》 122
ワールド・ワイルド・ウェブ 124
クジャク気取《きど》りのクモ 126
ふくれる吸血虫《きゅうけつちゅう》 128
パラサイトの奇襲《きしゅう》 130
目《め》の上《うえ》の寄生虫《きせいちゅう》 132
ヘビの威《い》を借《か》る幼虫《ようちゅう》 134
空飛《そらと》ぶ数字《すうじ》 136
悪魔《あくま》の変装《へんそう》 138
隠《かく》れみの 140
ヤギの軽業師《かるわざし》 142
ダンス・フィーバー 144
飛《と》ぶ鳥《とり》を落《お》とす? 146
スーパー・パパ 148
地球最大《ちきゅうさいだい》の海中《かいちゅう》ショー 150
真《ま》っ暗闇《くらやみ》の魔物《まもの》たち 152

神秘《しんぴ》の自然現象《しぜんげんしょう》

氷《こおり》の魔法《まほう》 156
さまよう岩《いわ》たち 158
街《まち》を飲《の》み込《こ》む砂嵐《すなあらし》 160
雷《かみなり》の化石《かせき》 162
スーパーストーム 164
異様《いよう》な空模様《そらもよう》 166
最強《さいきょう》のコンビ 168
UFO雲《ぐも》 170
凍《こお》りついた泡《あわ》 172
光《ひかり》のスペクタクル 174
雪《ゆき》の剣山《けんざん》 176
不思議《ふしぎ》な氷細工《こおりざいく》 178
高山《こうざん》の小道《こみち》 180
朝空《あさぞら》のハイウエー 182
雪《ゆき》の煙突《えんとつ》 184
火炎竜《かえんりゅう》の攻撃《こうげき》 186

さくいん 188
謝辞《しゃじ》 192

※本書《ほんしょ》に記載《きさい》されている長《なが》さや大《おお》きさ、重《おも》さなどの数値《すうち》は、推計《すいけい》や概算《がいさん》によるものが多《おお》いため、「約《やく》」や「およそ」などの接頭辞《せっとうじ》を省略《しょうりゃく》している場合《ばあい》があります。また、統計《とうけい》などは2016年現在《ねんげんざい》のものです。

地球《ちきゅう》がつくる芸術《げいじゅつ》

地球《ちきゅう》には、とても変《か》わった素晴《すば》らしい場所《ばしょ》がたくさんある。火《ひ》や空気《くうき》や土《つち》や水《みず》が一緒《いっしょ》に作用《さよう》して、一度《いちど》見《み》たら決《けっ》して忘《わす》れられないような光景《こうけい》を作《つく》り上《あ》げている。きらきら輝《かがや》く氷河《ひょうが》や、雲《くも》の中《なか》にたたずむ島《しま》から、虹色《にじいろ》の山々《やまやま》や石《いし》の森《もり》にいたるまで、この世《よ》のものとは思《おも》えない、あっと驚《おどろ》くような風景《ふうけい》の数々《かずかず》を紹介《しょうかい》しよう。

息《いき》をのむほど美《うつく》しい青《あお》い水《みず》をたたえた、トルコにあるパムッカレ(綿《わた》の宮殿《きゅうでん》)の石灰華段丘《せっかいかだんきゅう》は、この地域《ちいき》に湧《わ》き出《だ》す自然《しぜん》の温泉《おんせん》が作《つく》り上《あ》げたものだ。ミネラルを豊富《ほうふ》に含《ふく》み、治療効果《ちりょうこうか》があると言《い》われる温泉水《おんせんすい》から、石灰分《せっかいぶん》が沈殿《ちんでん》して岩《いわ》となり、棚田《たなだ》のような景色《けしき》を生《う》み出《だ》している。

地獄《じごく》の門《もん》

この世《よ》の地獄《じごく》へようこそ！　40数年前《すうねんまえ》、トルクメニスタン北部《ほくぶ》の砂漠《さばく》で天然《てんねん》ガスの採掘調査《さいくつちょうさ》をしていた作業員《さぎょういん》は肝《きも》をつぶした。なんと、地面《じめん》に**どでかい穴《あな》**がぱっくり口《くち》を開《ひら》いたのだ。その穴《あな》が**燃《も》えるクレーター**となり、今《いま》なお燃《も》え続《つづ》けている。地元《じもと》の人《ひと》たちはこの熱《あつ》い場所《ばしょ》を「地獄《じごく》の門《もん》」と呼《よ》んでいる。

燃《も》えるガスの温度《おんど》は
非常《ひじょう》に高《たか》く、岩《いわ》をも溶《と》かしてしまうほどだ。

突然現《とつぜんあらわ》れるシンクホール

支《ささ》えとなる地盤《じばん》が崩《くず》れたところにシンクホールはできる。一番起《いちばんお》こりやすいのは石灰岩《せっかいがん》の地域《ちいき》だ。まず、ポタポタと滴《したた》り落《お》ちる地下水《ちかすい》が岩《いわ》を削《けず》り洞窟《どうくつ》を形《かたち》づくる。洞窟《どうくつ》の屋根《やね》が弱《よわ》くなると地面《じめん》が割《わ》れて、グアテマラのこの写真《しゃしん》のように、シンクホールができるのだ。

ダルヴァザのクレーターは中心部分《ちゅうしんぶぶん》の深《ふか》さが20m、直径《ちょっけい》は70mもある。

はやわかりリファレンス

海岸地域《かいがんちいき》には海《うみ》のシンクホールができる。海水《かいすい》が石灰岩《せっかいがん》を削《けず》って洞窟《どうくつ》を掘《ほ》り、その洞窟《どうくつ》に向《む》かってシンクホールが崩《くず》れ落《お》ちるのだ。洞窟《どうくつ》が海《うみ》につながっていると、シンクホールの水位《すいい》も潮《しお》の満《み》ち引《ひ》きに合《あ》わせて上下《じょうげ》する。

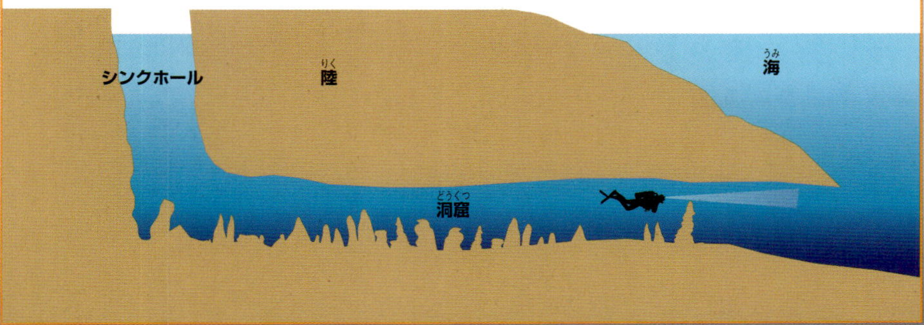

燃《も》えるガスが放《はな》つ光《ひかり》は何《なん》kmも離《はな》れた場所《ばしょ》からでも見《み》える。

1971年《ねん》、トルクメニスタンのダルヴァザでガスの採掘調査《さいくつちょうさ》を行《おこな》っていたところ、採掘用《さいくつよう》の装置《そうち》もろとも地盤《じばん》が崩《くず》れ落《お》ちる大事故《だいじこ》が起《お》きた。露出《ろしゅつ》したガスの埋蔵場所《まいぞうばしょ》から有毒《ゆうどく》ガスが漏《も》れるのを防《ふせ》ぐため、作業員《さぎょういん》が点火《てんか》した。そのうち燃《も》え尽《つ》きるだろうと考《かんが》えていたのだが、今《いま》でもまださかんに燃《も》えている。

地球《ちきゅう》の塩《しお》

この不気味《ぶきみ》に果《は》てしなく広《ひろ》がる**空《から》っぽの空間《くうかん》**は、**世界最大《せかいさいだい》の塩原《えんげん》**だ。干上《ひあ》がった湖底《こてい》は、ほぼ完《かん》ぺきに平《たい》らな塩《しお》の層《そう》でおおわれている。ボリビア高原《こうげん》の高地《こうち》にある**ウユニ塩原《えんげん》**は、雨《あめ》が降《ふ》ると水《みず》でおおわれる。この水《みず》のほとんどはすぐに蒸発《じょうはつ》するが、その間《かん》、湖《みずうみ》の表面《ひょうめん》が**天空《てんくう》を映《うつ》し出《だ》す巨大《きょだい》な鏡《かがみ》**に変《か》わる。

10,582平方《へいほう》kmにわたって広《ひろ》がる塩原《えんげん》は、
干上《ひあ》がっているか、
冠水《かんすい》しても水位《すいい》が数《すう》cmしかないので、
徒歩《とほ》や車《くるま》で横断《おうだん》できる。

しょっぱい宿《やど》

塩《しお》が豊富《ほうふ》なウユニ塩原《えんげん》では、ホテルまで塩《しお》でできている。パラシオ・デ・サル（塩《しお》の宮殿《きゅうでん》）というこのホテルは、水《みず》に溶《と》けてしまうので、雨《あめ》が降《ふ》るたびに修理《しゅうり》が必要《ひつよう》だ。

はやわかりリファレンス

ウユニ塩原《えんげん》に塩《しお》の層《そう》ができるのは

流出《りゅうしゅつ》する川《かわ》がないからだ。塩原《えんげん》の表面《ひょうめん》に集《あつ》まる水《みず》が蒸発《じょうはつ》する時《とき》、水《みず》に含《ふく》まれて運《はこ》ばれてきたミネラルはすべて塩《しお》として残《のこ》る。

海水《かいすい》

外洋《がいよう》の海水《かいすい》の塩分《えんぶん》はおよそ3.5%だ。

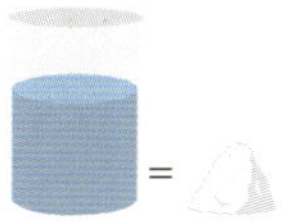

塩分《えんぶん》 3.5%

ウユニ塩原《えんげん》

塩原《えんげん》が干上《ひあ》がる時《とき》、海水《かいすい》の８倍《ばい》も塩分《えんぶん》が濃《こ》い。

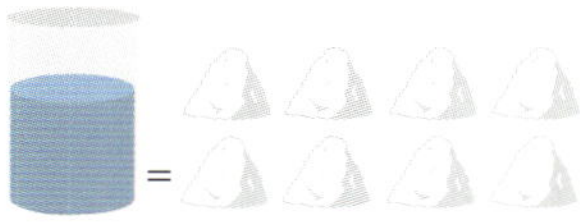

塩分《えんぶん》 28%

死海《しかい》

死海《しかい》などの塩湖《えんこ》の中《なか》には、ウユニ塩原《えんげん》よりもっと塩分《えんぶん》が濃《こ》いものがある。

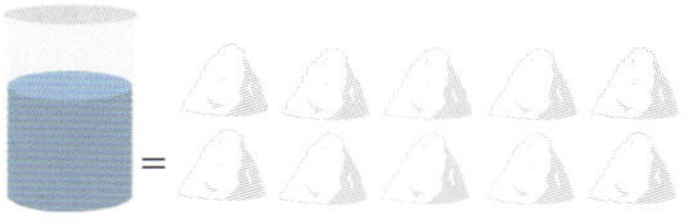

塩分《えんぶん》 33.7%

ごく浅《あさ》い水《みず》におおわれた
塩《しお》の層《そう》は、最大《さいだい》の厚《あつ》さが
10mもある。

ウユニ塩原《えんげん》の中《なか》にある高台《たかだい》は、
湖《みずうみ》 が冠水《かんすい》すると島《しま》になる。
この島《しま》は決《けっ》して水浸《みずびた》しにならないので、
塩《しお》の層《そう》がない。島《しま》の斜面《しゃめん》には
サボテンなどの植物《しょくぶつ》が生育《せいいく》する。

塩《しお》の下《した》には世界《せかい》の供給量《きょうきゅうりょう》の約半分《やくはんぶん》を占《し》めるリチウムが埋蔵《まいぞう》されているという。リチウムは主《おも》にコンピューターや携帯電話《けいたいでんわ》のバッテリーに使《つか》われる。

今《いま》ではウユニ塩原《えんげん》となっている干上《ひあ》がった湖底《こてい》は、先史時代《せんしじだい》にはもっと大《おお》きな塩湖《えんこ》の一部《いちぶ》だった。ときどき降《ふ》る雨《あめ》により、短《みじか》い期間《きかん》だけ塩《しお》が水《みず》でおおわれ、表面《ひょうめん》が溶《と》ける。水《みず》が蒸発《じょうはつ》すると、塩《しお》が再《ふたた》び結晶化《けっしょうか》してほぼ完《かん》ぺきに平《たい》らな塩原《えんげん》ができるのだ。

時《とき》が刻《きざ》まれた場所《ばしょ》

昔《むかし》の出来事《できごと》を思《おも》い出《だ》させてくれる風景《ふうけい》もある。ここにあげた**ゾクっとするような場所《ばしょ》**には、**景色《けしき》を永遠《えいえん》に変《か》えてしまった**歴史《れきし》の傷跡《きずあと》が刻《きざ》まれている。

ビーチ爆撃《ばくげき》

20世紀《せいき》の初《はじ》め、メキシコ政府《せいふ》は無人《むじん》のマリエータ諸島《しょとう》で爆撃訓練《ばくげきくんれん》を行《おこな》った。爆弾《ばくだん》の一《ひと》つが地面《じめん》を吹《ふ》き飛《と》ばしてできたのが写真《しゃしん》のヒドゥン・ビーチ（秘密《ひみつ》の砂浜《すなはま》）だ。絵葉書《えはがき》を飾《かざ》る楽《らく》園《えん》のビーチは、海岸沿《かいがんぞ》いにぽっかり空《あ》いた穴《あな》の中《なか》にある。

教会《きょうかい》の遺跡《いせき》

メキシコのパランガリクティロ村《むら》でたった一《ひと》つ残《のこ》ったのは、このサン・フアン教会《きょうかい》だけだ。1943年《ねん》にパリクティン火山《かざん》が噴煙《ふんえん》を上《あ》げ始《はじ》め、ついには噴火《ふんか》し、この教会《きょうかい》以外《いがい》の建物《たてもの》をすべて岩《いわ》と灰《はい》の下《した》に埋《う》ずめてしまったのだ。

忘《わす》れられない砦《とりで》

第二次世界大戦《だいにじせかいたいせん》の時《とき》、テムズ川《がわ》河口《かこう》を防衛《ぼうえい》するため、イギリスのケント州沖《しゅうおき》に要塞《ようさい》が建設《けんせつ》された。このマウンセル海砦《かいさい》は今《いま》では一般公開《いっぱんこうかい》されていて、毎年夏《まいとしなつ》には点在《てんざい》する塔《とう》をボートで巡《めぐ》ることができる。

水玉模様《みずたまもよう》の湖《みずうみ》

カナダのオカナガン渓谷《けいこく》には**とびきり変《か》わった**湖《みずうみ》がある。**高濃度《こうのうど》のミネラル**が原因《げんいん》で、きらめく水玉模《みずたまも》様《よう》が水面《すいめん》に浮《う》かび上《あ》がっているのだ。何世紀《なんせいき》もの間《あいだ》、この**スポッテッド・レイク(水玉模様《みずたまもよう》の湖《みずうみ》)**は、「ファースト・ネーション」と呼《よ》ばれるカナダ先住《せんじゅう》民《みん》の間《あいだ》で**神聖《しんせい》な場所《ばしょ》**とされ、いろいろなミネラルの**効能《こうのう》**が利用《りよう》されてきた。

温泉療法《おんせんりょうほう》

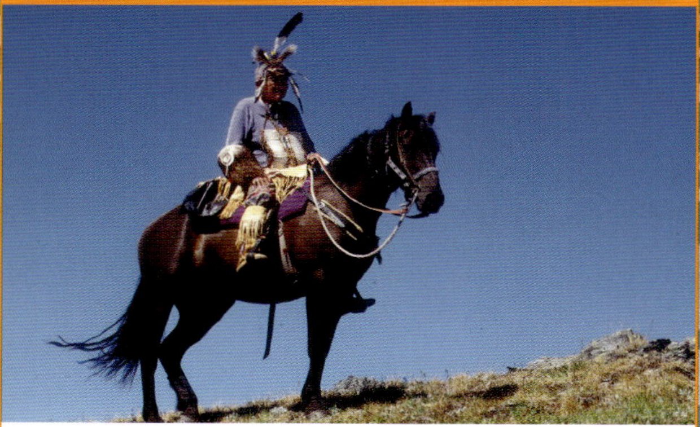

ファースト・ネーションの人《ひと》たちは、湖《みずうみ》の泥《どろ》や水《みず》を痛《いた》み止《ど》めとして用《もち》いるなど、さまざまな治《ち》療《りょう》にも役立《やくだ》ててきた。言《い》い伝《つた》えによると、戦争《せんそう》をしていた二《ふた》つの部族《ぶぞく》が、休戦《きゅうせん》に合意《ごうい》して双方《そうほう》の傷《きず》ついた兵士《へいし》たちを湖《みずうみ》の水《みず》で治療《ちりょう》したという。2001年《ねん》にオカナガン・ファースト・ネーションは、開発《かいはつ》から守《まも》るためにこの土地《とち》を購入《こうにゅう》した。

水玉《みずたま》の色《いろ》は含《ふく》まれるミネラルの割合《わりあい》によって異《こと》なり、緑《みどり》や青《あお》から白《しろ》や黄色《きいろ》にいたるまで変化《へんか》に富《と》んでいる。

スポッテッド・レイクはブリティッシュ・コロンビア州《しゅう》のオソヨースの街《まち》の近《ちか》くにある。湖水《こすい》はミネラルの濃度《のうど》が異常《いじょう》に高《たか》く、特《とく》に多《おお》い硫酸《りゅうさん》マグネシウム、カルシウム、硫酸《りゅうさん》ナトリウムの他《ほか》、それより濃度《のうど》の低《ひく》いミネラルが10種類《しゅるい》以上《いじょう》含《ふく》まれている。夏《なつ》に水《みず》が蒸発《じょうはつ》すると、300個《こ》以上《いじょう》の色《いろ》とりどりの水《みず》たまりができる。

はやわかりリファレンス

ブリティッシュ・コロンビア州《しゅう》(カナダ)
ワシントン州《しゅう》(アメリカ)
アリゾナ州《しゅう》(アメリカ)
ワイオミング州《しゅう》(アメリカ)
ニューメキシコ州《しゅう》(アメリカ)
エプソム(イギリス)
スタッスフルト(ドイツ)
ヴェスヴィオ火山《かざん》(イタリア)
エロー県《けん》(フランス)
南《みなみ》アフリカ共和国《きょうわこく》
天然《てんねん》の硫酸《りゅうさん》マグネシウムの主《おも》な産地《さんち》

硫酸《りゅうさん》マグネシウムは、このミネラルを天然《てんねん》に産出《さんしゅつ》する、イギリスのサリー州《しゅう》の街《まち》にちなんだエプソム塩《しお》という名前《なまえ》でよく知《し》られ、できものの治療《ちりょう》や便秘《べんぴ》の緩和《かんわ》など薬《くすり》として幅広《はばひろ》く利用《りよう》されている。筋肉痛《きんにくつう》を和《やわ》らげ、回復《かいふく》を早《はや》めるためにエプソム塩《しお》を入浴剤《にゅうよくざい》に使《つか》っているスポーツ選手《せんしゅ》も多《おお》い。

第一次《だいいちじ》世界大戦中《せかいたいせんちゅう》、湖《みずうみ》のミネラルはカナダの弾薬工場《だんやくこうじょう》で使《つか》われた。

夏《なつ》になると硫酸《りゅうさん》マグネシウムが結晶化《けっしょうか》して、水玉模様《みずたまもよう》の周《まわ》りに歩道《ほどう》ができる。

神秘《しんぴ》の井戸《いど》

メキシコの**セノーテ(聖《せい》なる井戸《いど》)**は、美《うつく》しい澄《す》みきった水《みず》をたたえた**神聖《しんせい》な泉《いずみ》**だ。**洞窟《どうくつ》の屋根《やね》が崩《くず》れ落《お》ちて**自然《しぜん》にできたもので、ユカタン半島《はんとう》にたくさんある。古代《こだい》マヤ人《じん》はセノーテを神々《かみがみ》のすむ**神秘《しんぴ》の地下世界《ちかせかい》**への入《い》り口《ぐち》だと考《かんが》えていた。

泉《いずみ》の底《そこ》の置《お》き土産《みやげ》

メキシコのセノーテを調査《ちょうさ》する海洋考古学者《かいようこうこがくしゃ》たちが、頭《ず》蓋骨《がいこつ》をはじめとする人骨《じんこつ》を発見《はっけん》した。どうやらマヤ人《じん》は神々《かみがみ》に生《い》けにえを捧《ささ》げていたようだ。そのためか現在《げんざい》セノーテの近《ちか》くに住《す》む村人《むらびと》たちは恐《おそ》ろしがって、泉《いずみ》に近《ちか》づこうとはしない。

ユカタン半島《はんとう》は多孔質《たこうしつ》の(たくさんの細《こま》かい穴《あな》を持《も》つ)石《せっ》灰岩《かいがん》の地形《ちけい》で有名《ゆうめい》だ。長《なが》い年月《ねんげつ》をかけて激《はげ》しい雨《あめ》があちこちで岩《いわ》を陥没《かんぼつ》させ、うっとりするほど美《うつく》しい地下《ちか》の泉《いずみ》を出現《しゅつげん》させた。マヤ人《じん》は泉《いずみ》の近《ちか》くに住居《じゅうきょ》を構《かま》えて清《きよ》らかな水《みず》を利用《りよう》した。また、セノーテを神々《かみがみ》と交信《こうしん》できる場《ば》所《しょ》だと考《かんが》えていたので、ここで宗教的《しゅうきょうてき》な儀式《ぎしき》も行《おこな》った。

はやわかりリファレンス

世界一《せかいいち》の水深《すいしん》を誇《ほこ》るセノーテは、やはりメキシコにある。エル・ザカトンと呼《よ》ばれるセノーテは水深《すいしん》339mで、フランスのエッフェル塔《とう》(324m)がすっぽり潜《もぐ》ってしまうほど深《ふか》い。

木《き》の根《ね》はセノーテの開《ひら》けた空間《くうかん》にぶらさがり、清《きよ》らかな水《みず》の中《なか》へと伸《の》びている。

ユカタン半島《はんとう》には約《やく》7,000個《こ》のセノーテがある。

妖精《ようせい》の煙突《えんとつ》

魔法《まほう》の力《ちから》で現《あらわ》れたかのような岩《いわ》の塔《とう》が立《た》ち並《なら》ぶ、トルコのカッパドキアの地《ち》は、まるでおとぎの国《くに》だ。**自然《しぜん》の力《ちから》が古代《こだい》の岩《いわ》**を削《けず》ってできた無数《むすう》の**奇《き》岩《がん》**が、周辺《しゅうへん》の谷《たに》や村《むら》を見下《みお》ろすようにそびえ立《た》っている。

煙突《えんとつ》の本体《ほんたい》は
石灰岩《せっかいがん》と
火山灰《かざんばい》の層《そう》で
できている。
魔法《まほう》を
使《つか》ったかのような
不思議《ふしぎ》な形《かたち》から
「妖精《ようせい》の煙突《えんとつ》」と
名《な》づけられた。

妖精《ようせい》の煙突《えんとつ》のもとは噴火《ふんか》にある。はるか昔《むかし》、火山活動《かざんかつどう》によって軟《やわ》らかい堆積《たいせき》岩《がん》の地層《ちそう》が何層《なんそう》も形成《けいせい》され、その上《うえ》に硬《かた》い玄武岩《げんぶがん》の地層《ちそう》が堆積《たいせき》した。風雨《ふうう》にさらされて、軟《やわ》らかい岩《いわ》が少《すこ》しずつ浸《しん》食《しょく》されるうちに、円錐形《えんすいけい》、円柱形《えんちゅうけい》、キノコ形《がた》など、独特《どくとく》の形《かたち》を持《も》つ景色《けしき》に変《か》わったのだ。地元《じもと》の人《ひと》たちは、煙突《えんとつ》の岩《いわ》の内部《ないぶ》を、ビルやおしゃれな家《いえ》、教《きょう》会《かい》や修道院《しゅうどういん》などに作《つく》り変《か》えている。

おとぎの国《くに》のホテル

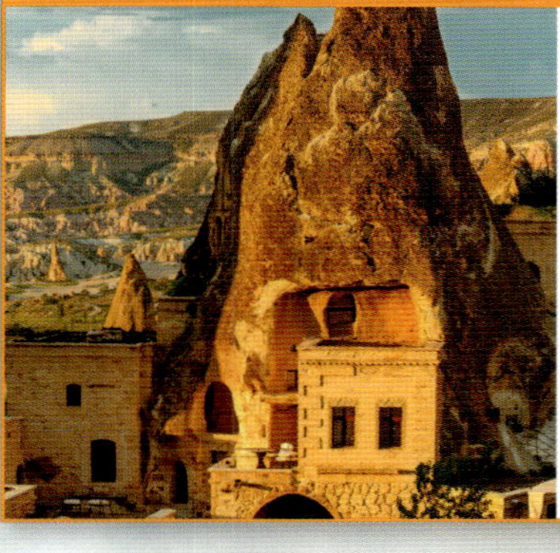

大《おお》きめの妖精《ようせい》の煙突《えんとつ》には、空洞《くうどう》にして、個性的《こせいてき》でおしゃれなホテルに彫《ほ》り上《あ》げられているものがある。洞窟《どうくつ》のような部屋《へや》からは壮大《そうだい》な煙突群《えんとつぐん》が眺《なが》められ、宿泊客《しゅくはくきゃく》はカッパドキア滞在《たいざい》を思《おも》いっきり楽《たの》しめる。

「帽子付《ぼうしつ》き」煙突《えんとつ》は、
硬《かた》い玄武岩《げんぶがん》でできた上部《じょうぶ》が、
下《した》の軟《やわ》らかい岩《いわ》を
保護《ほご》している。

はやわかりリファレンス

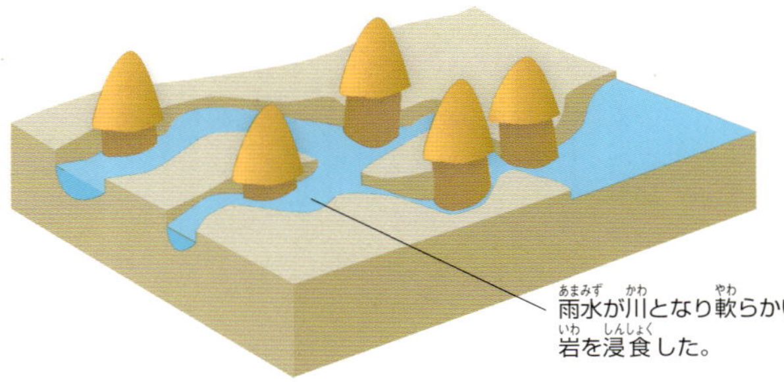
雨水《あまみず》が川《かわ》となり軟《やわ》らかい
岩《いわ》を浸食《しんしょく》した。

数千万年前《すうせんまんねんまえ》から数百万年前《すうひゃくまんねんまえ》にかけて、火山活動《かざんかつどう》によりこの地域《ちいき》をおおった火山灰《かざんばい》が圧縮《あっしゅく》され、軟《やわ》らかい堆積《たいせき》岩《がん》の地層《ちそう》が形成《けいせい》された。雨水《あまみず》や風《かぜ》がこの岩《いわ》を浸食《しんしょく》し、玄武岩《げんぶがん》の帽子《ぼうし》に守《まも》られた、煙突《えんとつ》のような形《かたち》の岩《いわ》が残《のこ》った。もし、玄武岩《げんぶがん》の帽子《ぼうし》がなくなったら、妖精《ようせい》の煙突《えんとつ》はいつか完全《かんぜん》に消《き》えてなくなってしまうだろう。

虹《にじ》の絶景《ぜっけい》

中国甘粛省《ちゅうごくかんしゅくしょう》の**丹霞**《たんか》ではレッドカーペットを広《ひろ》げてお客様《きゃくさま》を迎《むか》える必要《ひつよう》はない。ここの岩山《いわやま》のはっとするような風景《ふうけい》は、何千《なんぜん》万年《まんねん》もかけて堆積《たいせき》した砂岩《さがん》の**自然**《しぜん》**な赤色**《あかいろ》を主体《しゅたい》に、**色**《いろ》**とりどりの鉱床**《こうしょう》(ミネラルが多《おお》く含《ふく》まれている地層《ちそう》)で織《お》り上《あ》げられた、まるで**虹色**《にじいろ》のカーペットだ。

火星《かせい》の生命体《せいめいたい》

もう一《ひと》つの赤《あか》い世界《せかい》、それは火星《かせい》だ。茶色《ちゃいろ》がかった赤《あか》い酸化鉄《さんかてつ》が塵《ちり》となって表面《ひょうめん》をおおっているために、「赤《あか》い惑星《わくせい》」と呼《よ》ばれている。30億年《おくねん》前《まえ》、火星《かせい》が今《いま》よりも暖《あたた》かく、水《みず》が流《なが》れていた頃《ころ》には、地球《ちきゅう》とは違《ちが》う生命《せいめい》体《たい》が存在《そんざい》していたかもしれない。

丹霞《たんか》とは中国語《ちゅうごくご》で「赤《あか》い霞《かすみ》」という意味《いみ》だ。

丹霞《たんか》のシワシワの地形《ちけい》は、地殻運動《ちかくうんどう》に加《くわ》え、風雨《ふうう》により軟《やわ》らかい岩《いわ》から渓谷《けいこく》や柱《はしら》が彫《ほ》り出《だ》されてできた。

広《ひろ》さ500平方《へいほう》km以上《いじょう》におよぶ丹霞《たんか》の地層《ちそう》は、風《ふう》雨《う》により自然《しぜん》に浸食《しんしょく》され、現在《げんざい》見《み》られる絶壁《ぜっぺき》や、孤峰《こほう》（孤立《こりつ》した山頂《さんちょう》）や、凹凸《おうとつ》のある地層《ちそう》が形成《けいせい》された。丹霞《たんか》地形《ちけい》とはふつう赤《あか》い堆積岩《たいせきがん》の地形《ちけい》のことだが、いろいろなミネラルから生《う》まれる黄《き》や緑《みどり》や青《あお》のしま模様《もよう》が、万華鏡《まんげきょう》のように華《はな》やかな色彩《しきさい》を添《そ》えている。

はやわかりリファレンス

数千万年《すうせんまんねん》をかけて、砂岩《さがん》と鉱床《こうしょう》が圧縮《あっしゅく》されてカラフルな地層《ちそう》ができた。地殻《ちかく》を形成《けいせい》する巨大《きょだい》なプレートの運動《うんどう》によって、地層《ちそう》が押《お》されたり、切断《せつだん》されたり、折《お》り曲《ま》げられたりした。

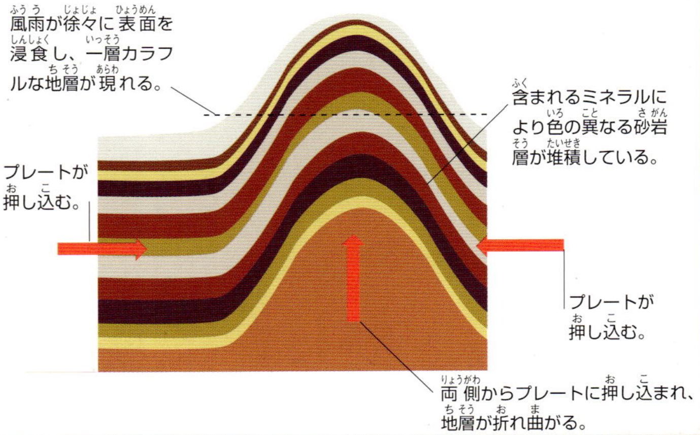
風雨《ふうう》が徐々《じょじょ》に表面《ひょうめん》を浸食《しんしょく》し、一層《いっそう》カラフルな地層《ちそう》が現《あらわ》れる。
含《ふく》まれるミネラルにより色《いろ》の異《こと》なる砂岩《さがん》層《そう》が堆積《たいせき》している。
プレートが押《お》し込《こ》む。
プレートが押《お》し込《こ》む。
両側《りょうがわ》からプレートに押《お》し込《こ》まれ、地層《ちそう》が折《お》れ曲《ま》がる。

危険《きけん》な感《かん》じの岩《いわ》たち

むき出《だ》しの地層《ちそう》に絶《た》えず**打《う》ちつける風《かぜ》と水《みず》**が、一目《ひとめ》見《み》ないことには信《しん》じられないような**奇妙《きみょう》な岩《いわ》**を彫《ほ》り上《あ》げる。

らせんを描《えが》く砂岩《さがん》

アメリカのアリゾナ州《しゅう》にあるアンテロープ・キャニオンは、昔《むかし》この地域《ちいき》にアンテロープ(羚《れい》羊《よう》)の群《む》れが生息《せいそく》していたことから名《な》づけられた。この写真《しゃしん》のような、思《おも》わず息《いき》をのむような岩場《いわば》は、渓谷《けいこく》に流《なが》れ込《こ》んだ鉄砲水《てっぽうみず》が砂岩《さがん》を浸食《しんしょく》し、なめらかならせん状《じょう》に彫《ほ》り上《あ》げたものだ。

いたずら小鬼《こおに》の遊《あそ》び場《ば》

アメリカのネバダ州《しゅう》にあるリトル・フィンランド(小《ちい》さなヒレの国《くに》)は、砂漠《さばく》の赤《あか》い砂岩《さがん》を飾《かざ》る、魚《さかな》のヒレのような形《かたち》の岩《いわ》にちなんで名《な》づけられた。また、幻想的《げんそうてき》な地層《ちそう》から、ホブゴブリン(いたずら小鬼《こおに》)の遊《あそ》び場《ば》とも呼《よ》ばれている。

海辺《うみべ》の特等席《とくとうせき》？

長年《ながねん》の海岸浸食《かいがんしんしょく》が生《う》み出《だ》した驚《おどろ》くような作品《さくひん》が、ノルウェーのカンネシュタイネン・ロックだ。地元《じもと》で「カンネの椅子《いす》」と呼《よ》ばれるこの奇岩《きがん》からは、ヴォクセイ島《とう》を見《み》渡《わた》す海《うみ》の景色《けしき》を味《あじ》わえる。

絶好《ぜっこう》の大波《おおなみ》

オーストラリアのハイデンにあるウェーブ・ロックでは、いつでも大波《おおなみ》が上《あ》がっている。高《たか》さ14m、幅《はば》110mにおよぶ巨大《きょだい》な岩《いわ》は、まさに砕《くだ》けようとする波《なみ》にそっくりだ。アボリジニと呼《よ》ばれる先住民《せんじゅうみん》にとってここは神聖《しんせい》な場所《ばしょ》だ。

華麗《かれい》な間欠泉《かんけつせん》（ガイザー）

アメリカのネバダ州《しゅう》ブラックロック砂漠《さばく》にある**フライランチ・ガイザー**はとびきり変《か》わった間欠泉《かんけつせん》だ。1900年代《ねんだい》の初《はじ》めに**井戸《いど》**を掘《ほ》っていたところ、**偶《ぐう》然《ぜん》、地熱《ちねつ》で温《あたた》められた熱水《ねっすい》**が地表《ちひょう》の割《わ》れ目《め》から噴出《ふんしゅつ》した。噴出《ふんしゅつ》が繰《く》り返《かえ》されるうちに**ミネラルが堆積《たいせき》**し、色鮮《いろあざ》やかな小山《こやま》を形《かたち》づくっている。

フライランチ・ガイザーが噴出《ふんしゅつ》するたびに、熱水《ねっすい》に溶《と》け込《こ》んだミネラルも放出《ほうしゅつ》される。水《みず》が冷《さ》める時《とき》にミネラルが固《かた》まって小山《こやま》が大《おお》きくなり、その周囲《しゅうい》には、棚田《たなだ》のように水《みず》をたたえた岩場《いわば》が形成《けいせい》される。小山《こやま》の赤《あか》や緑《みどり》の鮮《あざ》やかなしま模様《もよう》は、水蒸気《すいじょうき》の立《た》ちこめる環境《かんきょう》で好熱性《こうねつせい》の藻《も》が生息《せいそく》している印《しるし》だ。

宇宙《うちゅう》の間欠泉《かんけつせん》

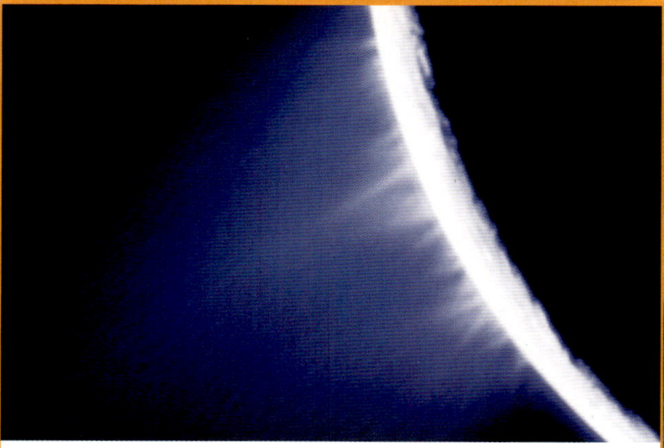

間欠泉《かんけつせん》があるのは地球《ちきゅう》だけではない。土星《どせい》の月《つき》（衛星《えいせい》）エンケラドス[写真《しゃしん》]には101個《こ》の間欠泉《かんけつせん》があるし、2013年《ねん》に木星《もくせい》の月《つき》エウロパの表面《ひょうめん》で、水蒸気《すいじょうき》の間欠泉《かんけつせん》が噴出《ふんしゅつ》しているのが観測《かんそく》された。

間欠泉《かんけつせん》から噴出《ふんしゅつ》する熱《ねっ》水《すい》は、93℃にも達《たっ》し、最大《さいだい》40個《こ》の水《みず》たまりに流《なが》れ込《こ》む。

はやわかりリファレンス

間欠泉《かんけつせん》は、地下水《ちかすい》が高温《こうおん》の地層《ちそう》と接《せっ》する場所《ばしょ》にできる。高圧《こうあつ》の下《もと》で過熱《かねつ》された水《みず》(通常《つうじょう》の沸点《ふってん》より高《たか》い温度《おんど》まで熱《ねっ》せられた水《みず》)は、岩《いわ》の割《わ》れ目《め》を通《とお》りぬけて地表《ちひょう》の穴《あな》から爆発的《ばくはつてき》に噴出《ふんしゅつ》する。

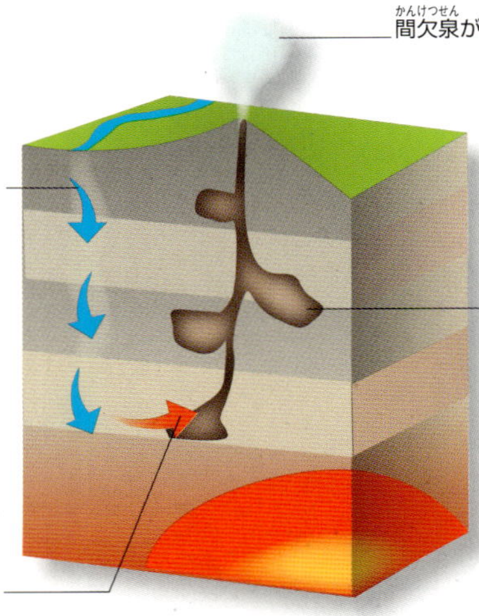
間欠泉《かんけつせん》が噴出《ふんしゅつ》する。
地下水《ちかすい》が地層《ちそう》深《ふか》くまでしみ込《こ》んでいく。
高圧《こうあつ》の下《もと》で過熱《かねつ》された水《みず》が表面《ひょうめん》に上昇《じょうしょう》する。
高温《こうおん》の地層《ちそう》と接《せっ》した水《みず》が熱《ねっ》せられる。

水中《すいちゅう》のミネラルが空気中《くうきちゅう》の酸素《さんそ》と反応《はんのう》し、色《いろ》とりどりの藻《も》の層《そう》を作《つく》っている。

小山《こやま》は毎年《まいとし》新《あたら》しい層《そう》を重《かさ》ね、どんどん大《おお》きくなっている。

エレファントフット氷河《ひょうが》は広大《こうだい》なグリーンランド氷床《ひょうしょう》の端《はし》にある。

ジャンボな氷河《ひょうが》

空《そら》から見《み》てあっと驚《おどろ》かされるのが、グリーンランドにある**エレファントフット氷河《ひょうが》**だ。巨大《きょだい》なゾウの足跡《あしあと》そっくりの形《かたち》をしている。**何世紀《なんせいき》も**かけて**雪《ゆき》が圧縮《あっしゅく》されて**できたこの氷《こおり》の塊《かたまり》は、**完《かん》ぺきにバランスのとれた、見事《みごと》に美《うつく》しい対称形《たいしょうけい》**だ。

氷河《ひょうが》の両側《りょうがわ》には高《たか》さ3,000m近《ちか》い山《やま》がそびえ立《た》っている。この山《やま》と比《くら》べると、氷河《ひょうが》がとてつもない規模《きぼ》に広《ひろ》がっていることがわかるだろう。

山麓氷河《さんろくひょうが》は扇形《おうぎがた》に広《ひろ》がり、ほぼ完全《かんぜん》な対称形《たいしょうけい》をしていることが多《おお》い。

はやわかりリファレンス

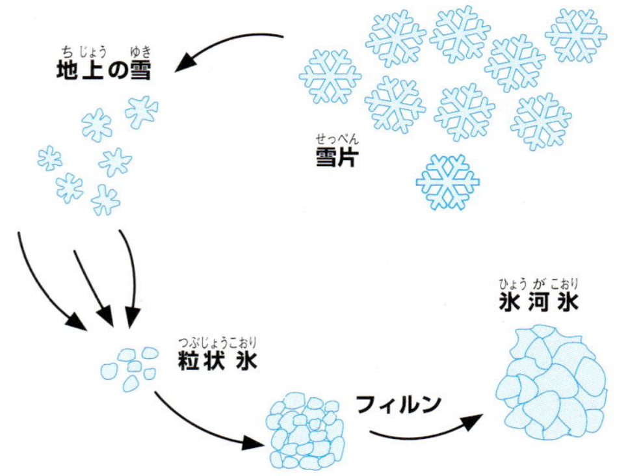

寒《さむ》い地域《ちいき》では、雪《ゆき》は解《と》けずに層《そう》になって積《つ》もる。重《おも》みで下《した》のほうの雪《ゆき》が押《お》しつぶされると、氷《こおり》の粒《つぶ》ができ、それが徐々《じょじょ》に固《かた》まってフィルンと呼《よ》ばれる状態《じょうたい》になる。これは雪《ゆき》と氷河氷《ひょうがこおり》の中間《ちゅうかん》の段階《だんかい》だ。何世紀《なんせいき》もかけて、氷《こおり》の間《あいだ》の空気《くうき》が押《お》し出《だ》されると、フィルンは密度《みつど》の高《たか》い氷河氷《ひょうがこおり》に変《か》わる。

銀色《ぎんいろ》の舌《した》

南極大陸《なんきょくたいりく》のエレバス氷舌《ひょうぜつ》は、エレバス氷河《ひょうが》から伸《の》びて舌《した》のような形《かたち》に突《つ》き出《だ》した部分《ぶぶん》だ。長《なが》さ11kmにわたるこの氷《こおり》の舌《した》は、一部《いちぶ》が分離《ぶんり》して海《うみ》に落《お》ち、氷山《ひょうざん》となることが知《し》られている。

氷河《ひょうが》とは陸上《りくじょう》にできる巨大《きょだい》な氷《こおり》の塊《かたまり》で、極地《きょくち》や高《こう》緯度《いど》の地域《ちいき》に発達《はったつ》する。いくつかの種類《しゅるい》があるが、どれもみな雪《ゆき》の層《そう》でできていて、雪自体《ゆきじたい》のとてつもない重《おも》みを受《う》けてゆっくりと動《うご》いている。エレファントフット氷河《ひょうが》は、氷河《ひょうが》が険《けわ》しい谷《たに》から開《ひら》けた平野《へいや》に流《なが》れ出《だ》して広《ひろ》がった山麓氷河《さんろくひょうが》の一種《いっしゅ》だ。

ダナキル低地《ていち》で一番暑《いちばんあつ》い日《ひ》は気温《きおん》が50℃以上《いじょう》に上昇《じょうしょう》する。

ダナキル低地《ていち》の鮮《あざ》やかな色《いろ》は硫黄《いおう》と無機塩《むきえん》によるものだ。

地獄《ぢごく》の釜《かま》のような暑《あつ》さ

エチオピアの**ダナキル低地《ていち》**の**暑《あつ》さ**に耐《た》えられる人《ひと》はまずいないだろう。砂漠《さばく》の盆地《ぼんち》の内部《ないぶ》で活火山《かっかざん》がじりじりと焼《や》き付《つ》け、硫黄泉《いおうせん》は**窒息性《ちっそくせい》ガス**を発生《はっせい》させている。まさしく地球上《ちきゅうじょう》で**最《もっと》も苛酷《かこく》な場所《ばしょ》**だ。

はやわかりリファレンス

アラビアプレートはアフリカプレートから分裂《ぶんれつ》し遠《とお》ざかっている。

アフリカプレートは東《ひがし》アフリカ大《だい》地溝帯《ちこうたい》に沿《そ》って二《ふた》つに分裂中《ぶんれつちゅう》だ。

アファール三角地帯《さんかくちたい》は、地球《ちきゅう》のプレートが後退《こうたい》している場所《ばしょ》にできた広大《こうだい》な低地《ていち》だ。地殻《ちかく》が薄《うす》く引《ひ》き延《の》ばされる時《とき》に作用《さよう》する膨大《ぼうだい》な力《ちから》が、プレートの境界《きょうかい》に沿《そ》って地震《じしん》や火山《かざん》の噴火《ふんか》を引《ひ》き起《お》こす。この三角地帯《さんかくちたい》の北《きた》に位地《いち》するダナキル低地《ていち》に硫黄湖《いおうこ》と活火山《かっかざん》があるのも、このようなプレートの働《はたら》きが原因《げんいん》だ。

アファール三角地帯《さんかくちたい》にあるダナキル低地《ていち》には、激《はげ》しい火山《かざん》と硫黄泉《いおうせん》だけでなく、酸性湖《さんせいこ》があり、ときどき地震《じしん》も発生《はっせい》する。雨量《うりょう》はほとんどなく、昼《ひる》も夜《よる》も焼《や》け付《つ》くような暑《あつ》さだ。地元《じもと》の商人《しょうにん》は、何世紀《なんせいき》にもわたりこの地域《ちいき》の塩原《えんげん》の塩《しお》を採取《さいしゅ》してきた。現在《げんざい》では怖《こわ》いもの知《し》らずの旅行者《りょこうしゃ》たちが、危険《きけん》を顧《かえり》みず、この世《よ》のものとは思《おも》えない風景《ふうけい》を一目《ひとめ》見《み》ようと訪《おとず》れている。

初期《しょき》の祖先《そせん》

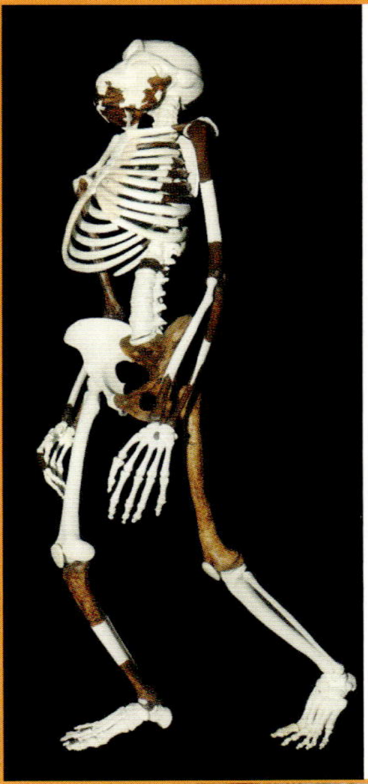

アファール三角地帯《さんかくちたい》のダナキル低地《ていち》からそれほど遠《とお》くない場所《ばしょ》で、遠《とお》い昔《むかし》のご先《せん》祖様《ぞさま》の化石《かせき》が見《み》つかっている。1974年《ねん》にこの地《ち》を発《はっ》掘調査《くつちょうさ》していた調査隊《ちょうさたい》が、初期《しょき》の人類《じんるい》の骨《ほね》を発見《はっけん》したのだ。「ルーシー」(写真《しゃしん》は復《ふく》元《げん》したもの)と名《な》づけられたこの化石人類《かせきじんるい》は、320万年《まんねん》前《まえ》という気《き》の遠《とお》くなるような昔《むかし》に生《い》きていたと考《かんが》えられている。

ロライマ山《さん》では、一年中《いちねんじゅう》ほぼ毎日《まいにち》雨《あめ》が降《ふ》る。

ロライマ山《さん》は、ペモン語《ご》で「偉大《いだい》な青緑《あおみどり》」という意味《いみ》だ。その名《な》の通《とお》り、見事《みごと》な滝《たき》や豊《ゆた》かな植生《しょくせい》に恵《めぐ》まれている。

空《そら》に浮《う》かぶ島《しま》

20億年《おくねん》かけて作《つく》られた、雲《くも》の上《うえ》に浮《う》かぶ楽園《らくえん》の島《しま》を想像《そうぞう》してみよう。それが**ロライマ山《さん》**だ。南米大陸《なんべいたいりく》にある、**地球最古《ちきゅうさいこ》の岩盤《がんばん》**でできたこの山《やま》からは、**ベネズエラ**、**ブラジル**、**ガイアナ**三国《さんごく》の国境《こっきょう》にまたがる、大《だい》パノラマが見渡《みわた》せる。

この切《き》り立《た》った崖《がけ》の高《たか》さは400m、平《たい》らな頂上部分《ちょうじょうぶぶん》の面積《めんせき》は31平方《へいほう》kmもある。

ユニークなこの山《やま》に感動《かんどう》したアーサー・コナン・ドイルは、恐竜《きょうりゅう》と人間《にんげん》の物語《ものがたり》『失《うしな》われた世界《せかい》』を書《か》いた。

ロライマ山《さん》は雄大《ゆうだい》なパカライマ山脈《さんみゃく》の最高峰《さいこうほう》で、地球最古《ちきゅうさいこ》の地層《ちそう》の一《ひと》つだと考《かんが》えられている。アメリカ先住民《せんじゅうみん》は緑生《みどりお》い茂《しげ》るこの山脈《さんみゃく》には神々《かみがみ》がすんでいると考《かんが》えている。山《やま》は「テプイ」と呼《よ》ばれているが、これは地元《じもと》ペモン族《ぞく》の言葉《ことば》で「神《かみ》の家《いえ》」という意味《いみ》だ。

はやわかりリファレンス

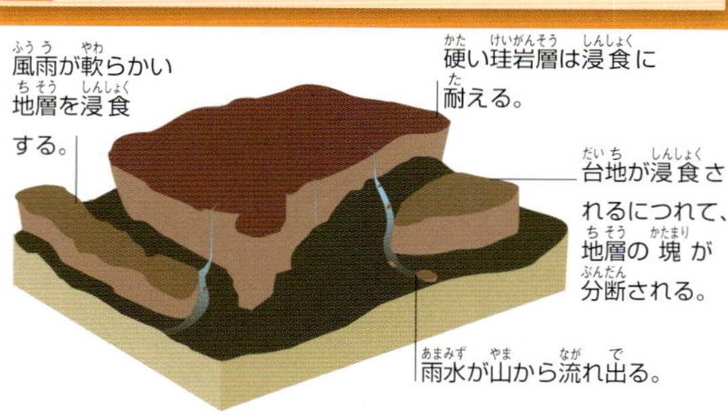
風雨《ふうう》が軟《やわ》らかい地層《ちそう》を浸食《しんしょく》する。
硬《かた》い珪岩層《けいがんそう》は浸食《しんしょく》に耐《た》える。
台地《だいち》が浸食《しんしょく》されるにつれて、地層《ちそう》の塊《かたまり》が分断《ぶんだん》される。
雨水《あまみず》が山《やま》から流《なが》れ出《で》る。

ロライマ山《さん》は、てっぺんが平《たい》らな台形状《だいけいじょう》になった、いわゆる「テーブルマウンテン」だ。平《たい》らな山頂《さんちょう》はもともとは巨大《きょだい》な砂岩《さがん》の台地《だいち》だったが、気《き》の遠《とお》くなるような長《なが》い年月《ねんげつ》をかけて寸断《すんだん》され、浸食《しんしょく》された結果《けっか》、低地《ていち》に囲《かこ》まれてそびえ立《た》つ山《やま》が残《のこ》った。

転《ころ》がるカエル

ロライマ山《さん》には実《じつ》に多様《たよう》な動植物《どうしょくぶつ》が生息《せいそく》している。中《なか》でも一番《いちばん》変《か》わっているのが、恐竜《きょうりゅう》よりも古《ふる》い生物《せいぶつ》だと言《い》われるブラックペブルトード(黒《くろ》い小石《こいし》のカエル)だ。1895年《ねん》に発見《はっけん》されたこの小《ちい》さなカエルは、運動能力《うんどうのうりょく》が低《ひく》く、泳《およ》ぐことも跳《は》ねることもできない。天敵《てんてき》に襲《おそ》われたら、ボールのように体《からだ》を丸《まる》めて岩場《いわば》を弾《はず》みながら転《ころ》がり落《お》ちるのだ。

レインボー温泉《おんせん》

世界最大級《せかいさいだいきゅう》の温泉《おんせん》、**グランド・プリズマティック・スプリング**は、アメリカのイエローストーン国立公園《こくりつこうえん》にある。まるで**プリズムを通過《つうか》した光《ひかり》**のような、驚《おどろ》くべき**色彩《しきさい》**を目撃《もくげき》した探検家《たんけんか》によって1871年《ねん》に命《めい》名《めい》された。大《おお》きさは幅《はば》160m、深《ふか》さ50mほどもあり、１分間《ぷんかん》に2,100ℓもの熱水《ねっすい》が湧《わ》き出《だ》している。

地獄温泉《じごくおんせん》

別府《べっぷ》には「地獄《じごく》」と呼《よ》ばれる恐《おそ》ろしげな八《やっ》つの天然温泉《てんねんおんせん》がある。一番有名《いちばんゆうめい》な血《ち》の池地獄《いけじごく》は、真《ま》っ赤《か》な水《みず》が湯気《ゆげ》を立《た》てている。赤色《あかいろ》の原因《げんいん》は土壌《どじょう》に含《ふく》まれる鉄分《てつぶん》の多《おお》さにある。

温泉《おんせん》の中心部分《ちゅうしんぶぶん》の水温《すいおん》は82℃にも達《たっ》する。

万華鏡《まんげきょう》のように発色《はっしょく》する原因《げんいん》は、このような超高温《ちょうこうおん》の温泉《おんせん》で繁殖《はんしょく》する色《いろ》とりどりのバクテリアにある。青色《あおいろ》の中心部分《ちゅうしんぶぶん》は沸騰水《ふっとうすい》に近《ちか》い熱湯《ねっとう》だ。これが温泉《おんせん》の表面《ひょうめん》でゆっくり冷《ひ》やされ、温度《おんど》が下《さ》がるにつれて、種類《しゅるい》の違《ちが》うバクテリアが繁殖《はんしょく》できるようになる。温《おん》泉《せん》の場所《ばしょ》により生息《せいそく》するバクテリアが異《こと》なり、その鮮《あざ》やかな色《いろ》が、グランド・プリズマティック独特《どくとく》の虹色《にじいろ》の輪《わ》を作《つく》っているのだ。

温泉《おんせん》の真《ま》ん中《なか》の青《あお》い部分《ぶぶん》は
温度《おんど》が高《たか》すぎて、生息《せいそく》できる生物《せいぶつ》はほとんどいない。水《みず》の透明度《とうめいど》が高《たか》いので青《あお》く見《み》える。

はやわかりリファレンス

グランド・プリズマティック・スプリングは、プリズムを通過《つうか》した白色光《はくしょくこう》のスペクトルと一致《いっち》する色合《いろあ》いにちなんで命名《めいめい》された。白色光《はくしょくこう》がガラスの多面《ためん》体《たい》[プリズム]を通《とお》ると、光《ひかり》は異《こと》なる波《は》長《ちょう》に分離《ぶんり》する。それぞれの波長《はちょう》は、異《こと》なる色《いろ》として認識《にんしき》される。

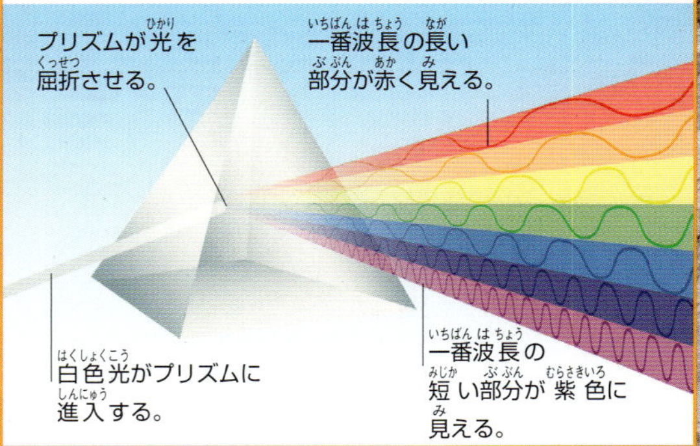
プリズムが光《ひかり》を屈折《くっせつ》させる。
一番波長《いちばんはちょう》の長《なが》い部分《ぶぶん》が赤《あか》く見《み》える。
白色光《はくしょくこう》がプリズムに進入《しんにゅう》する。
一番波長《いちばんはちょう》の短《みじか》い部分《ぶぶん》が紫色《むらさきいろ》に見《み》える。

眺《なが》めのいい羊《ひつじ》

群《む》れを離《はな》れたひとりぼっちのこの子羊《こひつじ》は、勇敢《ゆうかん》にもノルウェーのシェラーグボルテンという巨岩《きょがん》に立《た》っている。登山《とざん》には自信《じしん》があるようで、目《め》のくらむような984mの高《たか》さもへっちゃらだ。

シェラーグボルテンは、ノルウェー南部《なんぶ》にあるシェラーグ山《さん》をハイキングする人《ひと》たちに大人気《だいにんき》のスポットだ。この岩《いわ》は、最後《さいご》の氷河期《ひょうがき》にあたる紀元前《きげんぜん》5万《まん》年頃《ねんころ》に、岩壁《がんぺき》の隙間《すきま》にぴったり収《おさ》まって以来《いらい》、転《ころ》がるのをやめた。ここは観光客《かんこうきゃく》の究極《きゅうきょく》の撮影《さつえい》スポットになっていて、付近《ふきん》に生息《せいそく》するマウンテンシープもカメラ嫌《ぎら》いではないようだ。

スリルを味《あじ》わうのが病《や》みつきになっている人《ひと》たちは、この巨岩《きょがん》を使《つか》ってベースジャンピングをする。ここから飛《と》び降《お》り、パラシュートを開《ひら》いて降下《こうか》するのだ。

この巨岩《きょがん》は氷河期《ひょうがき》の堆積物《たいせきぶつ》で、リーセフィヨルドを見下《みお》ろすシェラーグ山地《さんち》の2mの隙間《すきま》を埋《う》めている。

空中《くうちゅう》の曲芸《きょくげい》

この写真《しゃしん》は、エクストリーム・スポーツ(過激《かげき》な要素《ようそ》を持《も》つスポーツ)の芸術家《げいじゅつか》、エスキル・ローニングスバッケンが、ノルウェーのトロルスティゲンを見下《みお》ろす場所《ばしょ》でバランスをとっているところだ。彼《かれ》はシェラーグボルテンの上《うえ》に重《かさ》ねた椅子《いす》の上《うえ》で逆立《さかだ》ちしたり、断崖《だんがい》の上《うえ》で一輪車《いちりんしゃ》に乗《の》ったり、自転車《じてんしゃ》に乗《の》って深《ふか》い谷《たに》を綱渡《つなわた》りするなど、数々《かずかず》の空中曲芸《くうちゅうきょくげい》でファンを驚《おどろ》かせている。

はやわかりリファレンス

氷河《ひょうが》が非常《ひじょう》にゆっくりと山《やま》の斜面《しゃめん》を下《くだ》っていく。
氷《こおり》
氷《こおり》の中《なか》の岩《いわ》や石《いし》が底《そこ》の地面《じめん》を削《けず》り取《と》り、U字型《じがた》の谷《たに》ができる。

フィヨルドは、氷河《ひょうが》に削《けず》られた細長《ほそなが》い谷《たに》が、氷河《ひょうが》が後退《こうたい》した後《あと》に海水《かいすい》に沈《しず》んだものだ。高《たか》い断崖《だんがい》に挟《はさ》まれたフィヨルドには息《いき》をのむほど美《うつく》しい景色《けしき》が多《おお》い。

凍《い》てついた地底《ちてい》の世界《せかい》

「湖《みずうみ》の氷河《ひょうが》」という意味《いみ》のヴァトナヨークトル氷河《ひょうが》は、体積《たいせき》でヨーロッパ**最大《さいだい》の氷河《ひょうが》**で、アイスランドの面積《めんせき》のほぼ10%を占《し》めている。氷河《ひょうが》の底《そこ》にはクリスタル・ケーブと呼《よ》ばれる**氷《こおり》の世界《せかい》**が広《ひろ》がっている。ここは小部屋《こべや》やトンネルが連《つら》なる青一色《あおいっしょく》の**秘密《ひみつ》の迷宮《めいきゅう》**で、季節《きせつ》によって変化《へんか》する。

氷《こおり》は一番厚《いちばんあつ》いところで
深《ふか》さ1,000mに
達《たっ》している。

前進《ぜんしん》する氷《こおり》

長《なが》さが30kmもあるアルゼンチンのペリト・モレノ氷河《ひょうが》はとても珍《めずら》しい氷河《ひょうが》だ。後退《こうたい》する氷河《ひょうが》が多《おお》いなか、この氷河《ひょうが》は前進《ぜんしん》しているからである。ときどき巨大《きょだい》な氷《こおり》の塊《かたまり》が崩《くず》れ、すさまじい音《おと》を立《た》ててアルヘンティーノ湖《こ》のきらめく水《みず》の中《なか》に落《お》ちていく。

夏《なつ》の日差《ひざ》しを浴《あ》びてヴァトナヨークトルの厚《あつ》い氷河氷《ひょうがこおり》の表面《ひょうめん》が溶《と》け、その水《みず》が表面《ひょうめん》の穴《あな》や割《わ》れ目《め》に流《なが》れ込《こ》む。この融氷水《ゆうひょうすい》が氷河《ひょうが》の底《そこ》で川《かわ》となって古代《こだい》の氷河氷《ひょうがこおり》を突《つ》き破《やぶ》り、目《め》を見張《みは》るほど美《うつく》しい氷河《ひょうが》の洞窟《どうくつ》を作《つく》り上《あ》げる。洞窟《どうくつ》が現《あらわ》れる場所《ばしょ》が毎年《まいとし》変《か》わるので、地元《じもと》のガイドが場所《ばしょ》を調《しら》べ、安全《あんぜん》な洞窟《どうくつ》に観光客《かんこうきゃく》を案内《あんない》している。

はやわかりリファレンス

ヒトの目《め》に見《み》える白色光《はくしょくこう》は7色《しょく》で構成《こうせい》されている。

青色《あおいろ》の光《ひかり》だけが反射《はんしゃ》される。

密度《みつど》の高《たか》い氷河《ひょうが》氷《こおり》はほとんどの色《いろ》を吸収《きゅうしゅう》する。

氷河氷《ひょうがこおり》はなぜ青《あお》い？ 厚《あつ》く、密度《みつど》の高《たか》い氷河氷《ひょうがこおり》には気泡《きほう》が含《ふく》まれていない。空気《くうき》があれば、光《ひかり》をたくさん反射《はんしゃ》するので氷《こおり》は白《しろ》く見《み》えるだろう。しかし、氷河氷《ひょうがこおり》は白色光《はくしょくこう》を構成《こうせい》する色《いろ》のほとんどを吸収《きゅうしゅう》し、青色《あおいろ》だけを反射《はんしゃ》するので、青《あお》く見《み》えるというわけだ。

ヴァトナヨークトル氷河《ひょうが》の氷《こおり》はおよそ1,000年前《ねんまえ》にできたものだ。

クールな洞窟《どうくつ》

地殻《ちかく》の奥深《おくふか》くに隠《かく》された、まるで魔法《まほう》の**地下**《ちか》**世界**《せかい》のような、びっくりするほど美《うつく》しい洞窟《どうくつ》を紹介《しょうかい》しよう。

幻覚《げんかく》**の世界**《せかい》

ロシアのエカテリンブルクにある古《ふる》い岩塩坑《がんえんこう》は、今《いま》では世界一《せかいいち》カラフルな洞《どう》窟《くつ》の一《ひと》つになっている。カーナライトという鉱石《こうせき》の地層《ちそう》が渦《うず》を巻《ま》き、地下《ちか》200mにある洞窟《どうくつ》の壁面《へきめん》を色《いろ》とりどりの模様《もよう》でおおっている。

巨大結晶《きょだいけっしょう》の洞窟《どうくつ》

2000年《ねん》に発見《はっけん》されたばかりのメキシコのクリスタル洞窟《どうくつ》は、ナイカ鉱山《こうざん》の一部《いちぶ》で、世界最大《せかいさいだい》級《きゅう》の結晶《けっしょう》で埋《う》め尽《つ》くされている。発見《はっけん》されたセレナイトの巨大結《きょだいけっ》晶《しょう》の中《なか》には、長《なが》さ10m以上《いじょう》に成長《せいちょう》しているものがある。

大理石《だいりせき》の彫刻《ちょうこく》

砕《くだ》ける波《なみ》により浸食《しんしょく》され、彫《ほ》り上《あ》げられたパタゴニアのマーブル洞窟《どうくつ》。中《なか》でもマーブル・カテドラル（大理石《だいりせき》の大聖堂《だいせいどう》）と呼《よ》ばれる洞窟《どうくつ》は、天井《てんじょう》のアーチが独特《どくとく》の柔《やわ》らかな曲線《きょくせん》を描《えが》いている。きらめく青《あお》い水《みず》の影《かげ》が躍《おど》る白《しろ》い大《だい》理石《りせき》の天井《てんじょう》は、思《おも》わず目《め》を奪《うば》われる美《うつく》しさだ。

石化《せっか》した森《もり》

マダガスカルの**大《だい》ツィンギ**は、**先《さき》の尖《とが》った針葉樹《しんようじゅ》のような岩《いわ》**が密集《みっしゅう》し、石《いし》に変《か》えられてしまった魔法《まほう》の森《もり》のように重苦《おもくる》しげな風景《ふうけい》だ。この世《せ》界《かい》最大《さいだい》の石《いし》の森《もり》は、**熱帯《ねったい》降雨《こうう》**が数百《すうひゃく》万年《まんねん》をかけて彫《ほ》り上《あ》げたものだ。

ツィンギ・デ・ベマラは、600平方《へいほう》kmという広大《こうだい》な面積《めんせき》を占《し》める。

峡谷《きょうこく》の断崖《だんがい》の高《たか》さは
最大《さいだい》で328mだ。

大《だい》ツィンギのかみそりのように
鋭《するど》い、切《き》り立《た》った岩壁《いわかべ》は、
熟練《じゅくれん》したロッククライマー
さえも手《て》こずらせる。

苛酷《かこく》な住《す》まい

ツィンギ・デ・ベマラ国立公園《こくりつこうえん》には驚《おどろ》くほど多《おお》くの生《い》き物《もの》たちが生息《せいそく》している。ここには100種類《しゅるい》以上《いじょう》の鳥類《ちょうるい》、30種類《しゅるい》以上《いじょう》の爬虫類《はちゅうるい》、デッケン・シファカ[写真《しゃしん》]をはじめとする11種類《しゅるい》のキツネザルなどがすんでいて、その多《おお》くはマダガスカルだけでしか見《み》られない生《い》き物《もの》だ。

「素足《すあし》で歩《ある》けない場所《ばしょ》」という意味《いみ》の大《だい》ツィンギは、マダガスカルのツィンギ・デ・ベマラ国《こく》立公園《りっこうえん》にある、隔離《かくり》された自然環境《しぜんかんきょう》だ。危険《きけん》な鋭《するど》い槍《やり》がびっしり立《た》ち並《なら》んでいるかのような光《こう》景《けい》は、石灰岩《せっかいがん》が浸食《しんしょく》されて空隙《くうげき》と呼《よ》ばれる岩《いわ》の割《わ》れ目《め》ができ、一直線《いっちょくせん》の峡谷《きょうこく》が碁盤《ごばん》の目《め》のように交差《こうさ》する地形《ちけい》が形成《けいせい》されたものだ。この一帯《いったい》は緑《みどり》ではなく灰色一色《はいいろいっしょく》に見《み》えるが、谷間《たにま》にはさまざまな植物《しょくぶつ》が自生《じせい》している。

はやわかりリファレンス

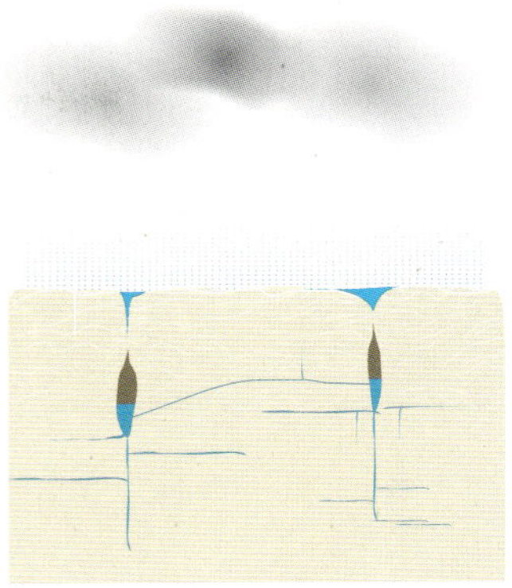

岩《いわ》の裂《さ》け目《め》に沿《そ》って流《なが》れる地下水《ちかすい》が、大《だい》ツィンギの石灰岩《せっかいがん》に洞穴《ほらあな》を切《き》り出《だ》す。一方《いっぽう》、モンスーンの雨《あめ》が表面《ひょうめん》を浸食《しんしょく》する。

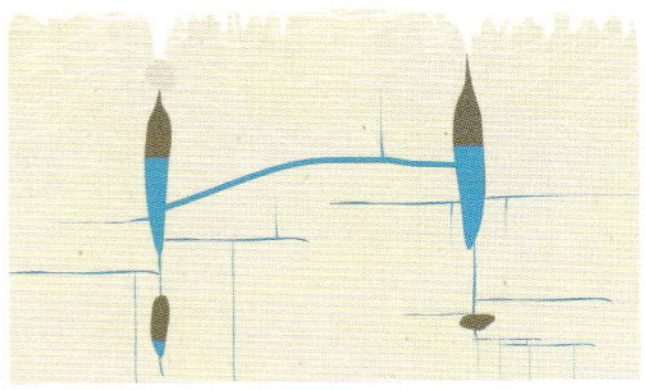

数億年《すうおくねん》をかけて水《みず》が洞穴《ほらあな》を削《けず》り続《つづ》けた結果《けっか》、洞穴《ほらあな》が広《ひろ》がったりつながったりして、深《ふか》く狭《せま》い地下洞窟《ちかどうくつ》になる。

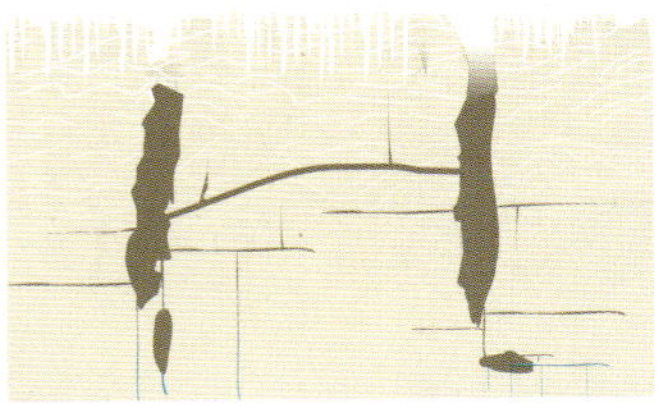

洞窟《どうくつ》の屋根《やね》がやがて崩《くず》れ落《お》ち、現在見《げんざいみ》られるような、切《き》り立《た》った峡谷《きょうこく》のネットワークが現《あらわ》れた。上部《じょうぶ》は地表《ちひょう》の浸食《しんしょく》によって先《さき》が鋭《するど》く削《けず》られた。

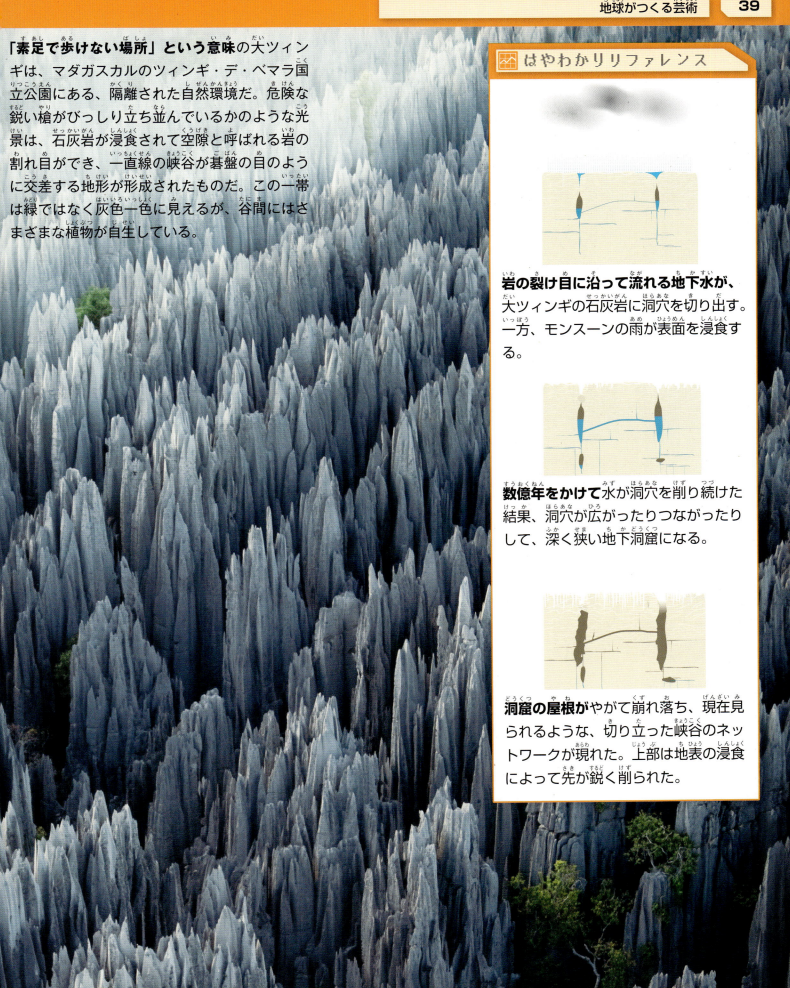

赤信号《あかしんごう》！

タンザニアのナトロン湖《こ》は**殺《ころ》し屋《や》だといううわさだ**。**野生動物《やせいどうぶつ》を石《いし》に変《か》えてしまう**と言《い》われている真《ま》っ赤《か》な湖水《こすい》は、まさに**危険信号《きけんしんごう》**のようだ。しかし、有害《ゆうがい》な化学物質《かがくぶっしつ》の濃度《のうど》が高《たか》い、**強《きょう》アルカリ塩湖《えんこ》**のナトロン湖《こ》は、意外《いがい》にも豊《ゆた》かな生態系《せいたいけい》を育《はぐく》んでいる。

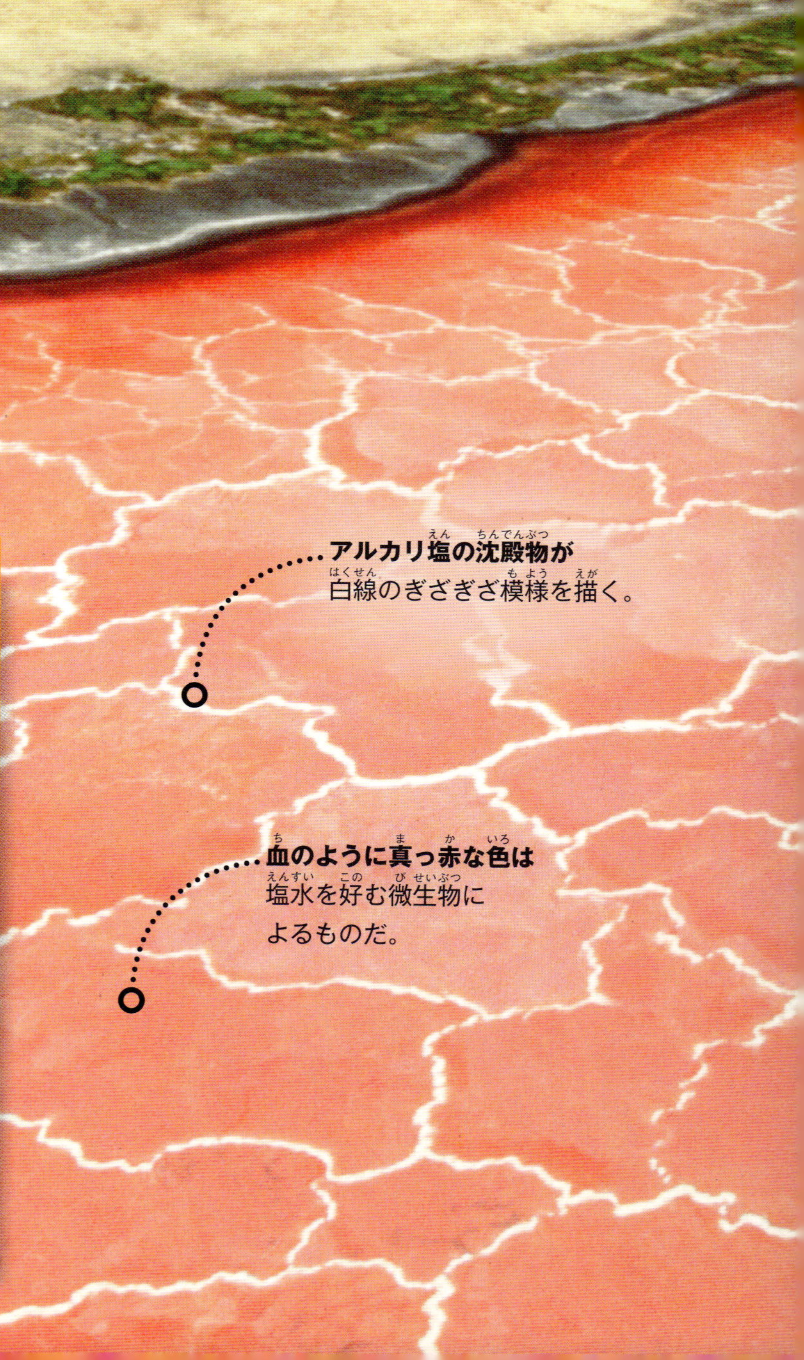
アルカリ塩《えん》の沈殿物《ちんでんぶつ》が
白線《はくせん》のぎざぎざ模様《もよう》を描《えが》く。
血《ち》のように真《ま》っ赤《か》な色《いろ》は
塩水《えんすい》を好《この》む微生物《びせいぶつ》に
よるものだ。

フラミンゴの楽園《らくえん》

危険《きけん》な環境《かんきょう》にもかかわらず、ナトロン湖《こ》はコフラミンゴの最大《さいだい》の繁殖地《はんしょくち》で、およそ250万羽《まんば》がこの湖《みずうみ》で営巣《えいそう》する。乾季《かんき》になると湖《みずうみ》にできる小島《こじま》に巣《す》を作《つく》り、湖水《こすい》に育《そだ》つ豊富《ほうふ》な藻類《もるい》をえさにしている。

ナトロン湖《こ》の水温《すいおん》は40℃以上《いじょう》。やけどするほどの熱《あつ》さだ。

この極限環境《きょくげんかんきょう》に適応《てきおう》したアルカリ・ティラピアという魚《さかな》は、湖《みずうみ》の岸辺付近《きしべふきん》の温泉《おんせん》に繁殖《はんしょく》する藻《も》をえさにしている。

温泉《おんせん》が湧《わ》き出《だ》しているので、ナトロン湖《こ》の水《みず》は温《あたた》かくミネラルが豊富《ほうふ》に含《ふく》まれている。化学物《かがくぶっ》質《しつ》の濃度《のうど》は非常《ひじょう》に高《たか》く、湖水《こすい》はpH《ペーハー》値《ち》10の強《きょう》アルカリ性《せい》を示《しめ》す。ここは世界一《せかいいち》腐食性《ふしょくせい》の強《つよ》い水《すい》域《いき》であり、適応《てきおう》していない生《い》き物《もの》は目《め》や皮膚《ひふ》が焼《や》けただれてしまうのだ。湖《みずうみ》の名前《なまえ》は、湖水《こすい》が干上《ひあ》がった時《とき》に塩《しお》として残《のこ》るナトロン（炭酸水《たんさんすい》素《そ》ナトリウム）からつけられた。

湖《みずうみ》に含《ふく》まれるミネラルは、温泉《おんせん》や、湖底《こてい》の火山岩盤《かざんがんばん》や、近《ちか》くの火山《かざん》からの灰《はい》によるものだ。

はやわかりリファレンス

ナトロン湖《こ》から20kmほど離《はな》れたところにある、オルドイニョ・レンガイ山《さん》は、世界《せかい》で唯一《ゆいいつ》「冷《つめ》たい」溶岩《ようがん》を噴出《ふんしゅつ》する活火山《かつかざん》だ。ケイ酸塩《さんえん》が豊富《ほうふ》に含《ふく》まれている普通《ふつう》の溶岩《ようがん》と違《ちが》って、この火山《かざん》の溶岩《ようがん》にはカルシウム、炭酸《たんさん》ガス、ナトリウムが含《ふく》まれている。噴出《ふんしゅつ》される溶岩《ようがん》の温度《おんど》は約《やく》500℃（非常《ひじょう》に熱《あつ》いが、普通《ふつう》の溶岩《ようがん》の温度《おんど》の半分《はんぶん》）で、色《いろ》は赤《あか》ではなく黒《くろ》で、冷《ひ》えると真《ま》っ白《しろ》になる。

火山《かざん》の頂上《ちょうじょう》は雪《ゆき》が積《つ》もっているように見《み》えるが、実《じつ》は灰《はい》でおおわれている。
オルドイニョ・レンガイ山《さん》は、標高《ひょうこう》2,960mで、富士山《ふじさん》のような円錐形《えんすいけい》だ。

巨人《きょじん》の石道《いしみち》

イギリスの北《きた》アイルランド北部《ほくぶ》の海岸線《かいがんせん》にあり、**世界第《せかいだい》8の不《ふ》思議《しぎ》**とたたえられるジャイアンツ・コーズウェーは、約《やく》4万本《まんぼん》もの玄武岩《げんぶがん》の石柱群《せきちゅうぐん》で埋《う》め尽《つ》くされた道《みち》だ。この石道《いしみち》の成《な》り立《た》ちを伝《つた》える**有名《ゆうめい》な伝説《でんせつ》**があるが、本当《ほんとう》は**火山《かざん》の噴火《ふんか》**によってできたものだ。

コーズウェーに関《かん》する一番古《いちばんふる》い記録《きろく》は1693年《ねん》にさかのぼる。

神秘《しんぴ》の巨人《きょじん》

イギリス各地《かくち》にある、チョーク質《しつ》の地層《ちそう》を露出《ろしゅつ》させて描《えが》かれた巨人《きょじん》の地上絵《ちじょうえ》は、鉄器時代《てっきじだい》にさかのぼるという説《せつ》がある。イースト・サセックス州《しゅう》にある「ウィルミントンのロングマン」[写真《しゃしん》]や、ドーセット州《しゅう》の「サーン・アバスの巨人《きょじん》」の近《ちか》くに住《す》む人《ひと》たちは、代々地上絵《だいだいちじょうえ》を幸運《こううん》や豊穣《ほうじょう》のシンボルと考《かんが》えてきた。

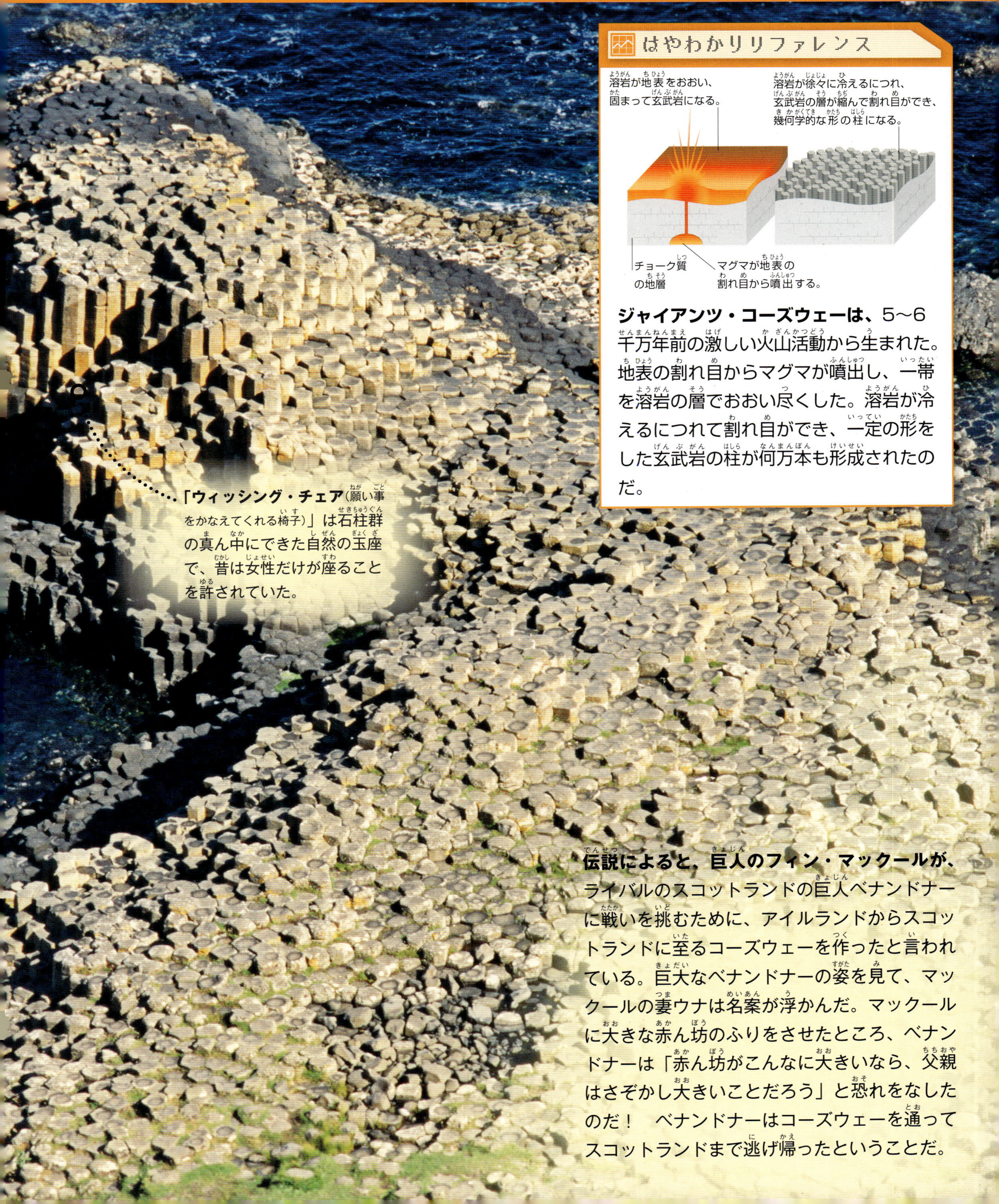

はやわかりリファレンス

溶岩《ようがん》が地表《ちひょう》をおおい、
固《かた》まって玄武岩《げんぶがん》になる。
溶岩《ようがん》が徐々《じょじょ》に冷《ひ》えるにつれ、
玄武岩《げんぶがん》の層《そう》が縮《ちぢ》んで割《わ》れ目《め》ができ、
幾何学的《きかがくてき》な形《かたち》の柱《はしら》になる。
チョーク質《しつ》
の地層《ちそう》
マグマが地表《ちひょう》の
割《わ》れ目《め》から噴出《ふんしゅつ》する。

ジャイアンツ・コーズウェーは、5～6千万年前《せんまんねんまえ》の激《はげ》しい火山活動《かざんかつどう》から生《う》まれた。地表《ちひょう》の割《わ》れ目《め》からマグマが噴出《ふんしゅつ》し、一帯《いったい》を溶岩《ようがん》の層《そう》でおおい尽《つ》くした。溶岩《ようがん》が冷《ひ》えるにつれて割《わ》れ目《め》ができ、一定《いってい》の形《かたち》をした玄武岩《げんぶがん》の柱《はしら》が何万本《なんまんぼん》も形成《けいせい》されたのだ。

「ウィッシング・チェア（願《ねが》い事《ごと》をかなえてくれる椅子《いす》）」は石柱群《せきちゅうぐん》の真《ま》ん中《なか》にできた自然《しぜん》の玉座《ぎょくざ》で、昔《むかし》は女性《じょせい》だけが座《すわ》ることを許《ゆる》されていた。

伝説《でんせつ》によると、巨人《きょじん》のフィン・マックールが、ライバルのスコットランドの巨人《きょじん》ベナンドナーに戦《たたか》いを挑《いど》むために、アイルランドからスコットランドに至《いた》るコーズウェーを作《つく》ったと言《い》われている。巨大《きょだい》なベナンドナーの姿《すがた》を見《み》て、マックールの妻《つま》ウナは名案《めいあん》が浮《う》かんだ。マックールに大《おお》きな赤《あか》ん坊《ぼう》のふりをさせたところ、ベナンドナーは「赤《あか》ん坊《ぼう》がこんなに大《おお》きいなら、父親《ちちおや》はさぞかし大《おお》きいことだろう」と恐《おそ》れをなしたのだ！　ベナンドナーはコーズウェーを通《とお》ってスコットランドまで逃《に》げ帰《かえ》ったということだ。

人間《にんげん》がつくる驚異《きょうい》

果《は》てしない想像力《そうぞうりょく》を使《つか》って、人間《にんげん》はいつの時代《じだい》も世界中《せかいじゅう》に足跡《あしあと》を残《のこ》してきた。古代《こだい》の発明《はつめい》や現代《げんだい》の建物《たてもの》にしても、命《いのち》がけの試《こころ》みやスリル満点《まんてん》の離《はな》れ業《わざ》にしても、時《とき》には全《まった》く思《おも》いがけないやり方《かた》で、豊《ゆた》かな文化《ぶんか》が地球上《ちきゅうじょう》のあちこちで生《う》み出《だ》されている。

世界一大《せかいいちおお》きな氷祭《こおりまつ》りが、1985年《ねん》から中国北東部《ちゅうごくほくとうぶ》のハルビンで毎年開催《まいとしかいさい》されている。彫刻《ちょうこく》が立《た》ち並《なら》ぶ「氷《こおり》の街《まち》」は、氷《こおり》の城《しろ》やちょうちんに明《あ》かりが灯《とも》される夜《よる》の眺《なが》めが最高《さいこう》だ。

はやわかりリファレンス

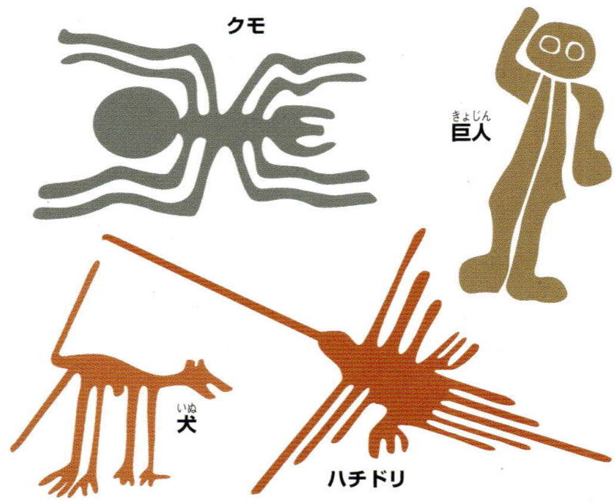

不思議《ふしぎ》な地上絵《ちじょうえ》は、二《ふた》つの川《かわ》の谷間《たにま》に挟《はさ》まれた海岸平野《かいがんへいや》で見《み》つかっている。何百《なんびゃく》種類《しゅるい》ものデザインの他《ほか》、さらに多《おお》くの形《かたち》や直線《ちょくせん》がある。数世紀《すうせいき》の間《あいだ》に作《つく》られたもので、比較的新《ひかくてきあたら》しい地上絵《ちじょうえ》の中《なか》には、古《ふる》いものと重《かさ》なっていたり、古《ふる》いものをおおい隠《かく》してしまっているものがある。2014年《ねん》の砂嵐《すなあらし》で、それまで発見《はっけん》されていなかった地上絵《ちじょうえ》も現《あらわ》れた。

紀元前《きげんぜん》500年《ねん》から紀元《きげん》500年《ねん》の間《あいだ》に作《つく》られたナスカの地上絵《ちじょうえ》には、動物《どうぶつ》や鳥《とり》や人間《にんげん》に似《に》た絵《え》が描《えが》かれている。なぜこのような地上絵《ちじょうえ》が作《つく》られたのかはわかっていない。神々《かみがみ》を楽《たの》しませるために作《つく》られた芸術《げいじゅつ》だと考《かんが》える歴史学者《れきしがくしゃ》もいれば、地下水《ちかすい》源《げん》の場所《ばしょ》を示《しめ》す地図《ちず》や、大昔《おおむかし》の暦《こよみ》だと推測《すいそく》する人《ひと》たちもいる。

およそ450平方《へいほう》kmもの広大《こうだい》な面積《めんせき》に地上絵《ちじょうえ》が散《ち》らばっている。

巨大《きょだい》な線《せん》は、表面《ひょうめん》にある暗《くら》い色《いろ》の砂利《じゃり》の層《そう》を取《と》り除《のぞ》き、その下《した》の明《あか》るい色《いろ》の土《つち》を露出《ろしゅつ》させて作《つく》られている。

ナスカ人《じん》の信仰《しんこう》

古代《こだい》ナスカ人《じん》は、神々《かみがみ》を崇《あが》めることが生《い》き残《のこ》りを左右《さゆう》すると考《かんが》えていた。精巧《せいこう》に作《つく》られた陶器《とうき》は、神《かみ》や精霊《せいれい》、伝説上《でんせつじょう》の動物《どうぶつ》などを表《あらわ》しているのが特徴《とくちょう》だ。ナスカ人《じん》は文字《もじ》を持《も》たなかったので、壺《つぼ》に絵《え》を描《えが》くことが、信仰《しんこう》を表現《ひょうげん》する手段《しゅだん》の一《ひと》つだったのかもしれない。

砂漠《さばく》の砂絵《すなえ》

1930年代《ねんだい》にペルーの**ナスカ砂漠上空《さばくじょうくう》**を飛《と》んでいた飛《ひ》行機《こうき》のパイロットは、**地面《じめん》に刻《きざ》まれた**巨大《きょだい》な絵《え》を見《み》てびっくりした。これらの絵《え》は「**ナスカの地上絵《ちじょうえ》**」と呼《よ》ばれている。こんな絵《え》を描《えが》いた**今《いま》は亡《な》き古代《こだい》ナスカ人《じん》**とは、いったいどんな人《ひと》たちだったのだろう？

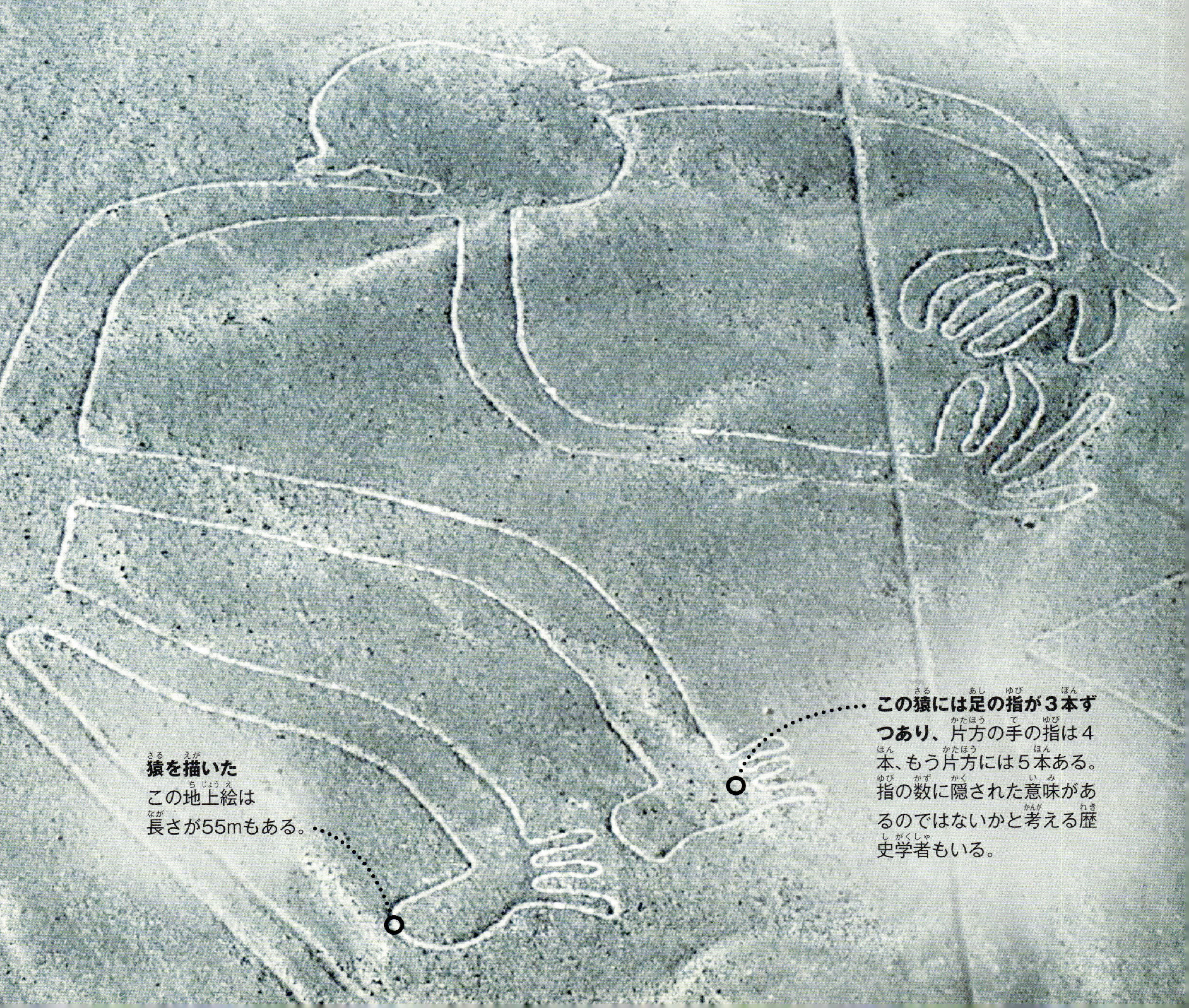

猿《さる》を描《えが》いた
この地上絵《ちじょうえ》は
長《なが》さが55mもある。

この猿《さる》には足《あし》の指《ゆび》が３本《ほん》ずつあり、片方《かたほう》の手《て》の指《ゆび》は４本《ほん》、もう片方《かたほう》には５本《ほん》ある。指《ゆび》の数《かず》に隠《かく》された意味《いみ》があるのではないかと考《かんが》える歴《れき》史学者《しがくしゃ》もいる。

素焼《すや》きの軍隊《ぐんたい》

中国《ちゅうごく》の西安《せいあん》で地中《ちちゅう》に隠《かく》された穴《あな》が**偶然《ぐうぜん》に発見《はっけん》**され、それが世紀《せいき》の大発見《だいはっけん》につながった。**2200年前《ねんまえ》**に作《つく》られた、**8,000体近《たいちか》くの実物《じつぶつ》大《だい》の兵士《へいし》の像《ぞう》**が見《み》つかったのである。**兵馬俑《へいばよう》**と呼《よ》ばれる素焼《すや》きの像《ぞう》は、中国《ちゅうごく》の秦《しん》の**始皇帝《しこうてい》**の墓《はか》を守《まも》るために作《つく》られた。

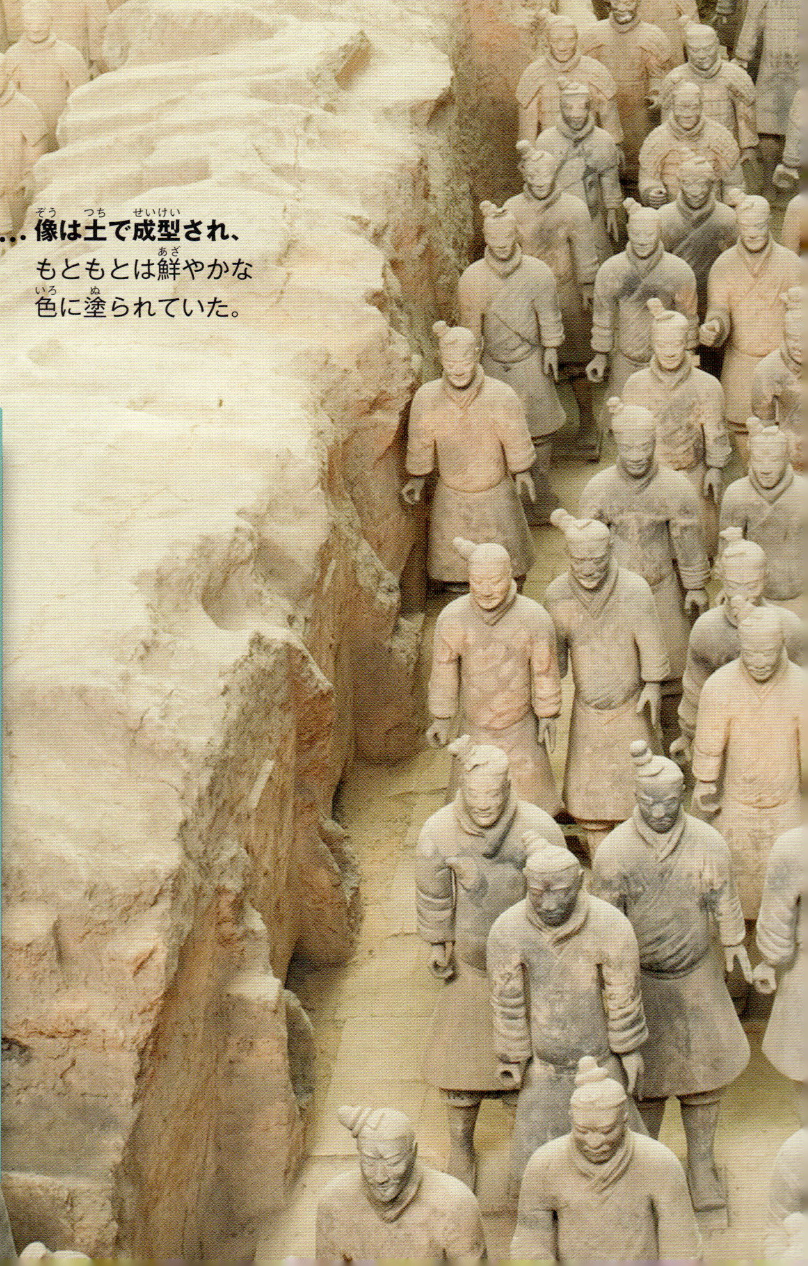

像《ぞう》は土《つち》で成型《せいけい》され、
もともとは鮮《あざ》やかな
色《いろ》に塗《ぬ》られていた。

大《おお》がかりな発掘調査《はっくつちょうさ》

発見《はっけん》された兵馬俑坑《へいばようこう》は四《よっ》つだが、最後《さいご》の一《ひと》つは空《から》っぽだったことから、始皇帝《しこうてい》が死《し》んだ時《とき》、始皇帝陵《しこうていりょう》は未完成《みかんせい》だったと推測《すいそく》される。バラバラになって倒《たお》れていた多《おお》くの兵士像《へいしぞう》に、気《き》の遠《とお》くなるような修復《しゅうふく》が行《おこな》われた。良好《りょうこう》な状態《じょうたい》で保存《ほぞん》されていたのは、埋《う》められてから発掘《はっくつ》されるまで温度《おんど》が一定《いってい》に保《たも》たれていたおかげだ。

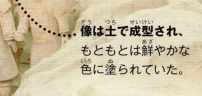

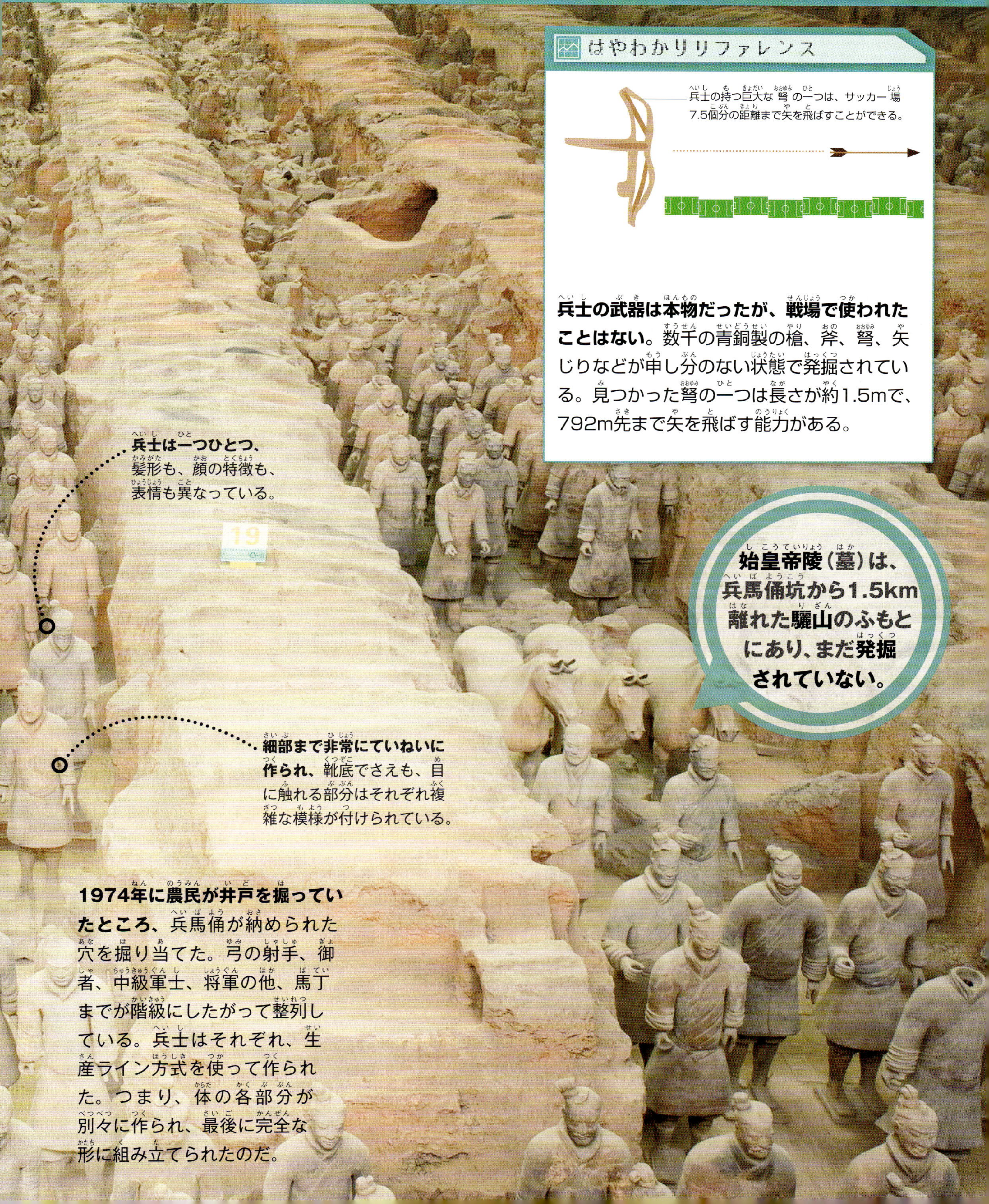

はやわかりリファレンス

兵士《へいし》の持《も》つ巨大《きょだい》な弩《おおゆみ》の一《ひと》つは、サッカー場《じょう》7.5個分《こぶん》の距離《きょり》まで矢《や》を飛《と》ばすことができる。

兵士《へいし》の武器《ぶき》は本物《ほんもの》だったが、戦場《せんじょう》で使《つか》われたことはない。数千《すうせん》の青銅製《せいどうせい》の槍《やり》、斧《おの》、弩《おおゆみ》、矢《や》じりなどが申《もう》し分《ぶん》のない状態《じょうたい》で発掘《はっくつ》されている。見《み》つかった弩《おおゆみ》の一《ひと》つは長《なが》さが約《やく》1.5mで、792m先《さき》まで矢《や》を飛《と》ばす能力《のうりょく》がある。

始皇帝陵《しこうていりょう》（墓《はか》）は、兵馬俑坑《へいばようこう》から1.5km離《はな》れた驪山《りざん》のふもとにあり、まだ発掘《はっくつ》されていない。

兵士《へいし》は一《ひと》つひとつ、髪形《かみがた》も、顔《かお》の特徴《とくちょう》も、表情《ひょうじょう》も異《こと》なっている。

細部《さいぶ》まで非常《ひじょう》にていねいに作《つく》られ、靴底《くつぞこ》でさえも、目《め》に触《ふ》れる部分《ぶぶん》はそれぞれ複《ふく》雑《ざつ》な模様《もよう》が付《つ》けられている。

1974年《ねん》に農民《のうみん》が井戸《いど》を掘《ほ》っていたところ、兵馬俑《へいばよう》が納《おさ》められた穴《あな》を掘《ほ》り当《あ》てた。弓《ゆみ》の射手《しゃしゅ》、御《ぎょ》者《しゃ》、中級軍士《ちゅうきゅうぐんし》、将軍《しょうぐん》の他《ほか》、馬丁《ばてい》までが階級《かいきゅう》にしたがって整列《せいれつ》している。兵士《へいし》はそれぞれ、生《せい》産《さん》ライン方式《ほうしき》を使《つか》って作《つく》られた。つまり、体《からだ》の各部分《かくぶぶん》が別々《べつべつ》に作《つく》られ、最後《さいご》に完全《かんぜん》な形《かたち》に組《く》み立《た》てられたのだ。

ハッピーエンド

アフリカ西部《せいぶ》の国《くに》ガーナでは、葬式《そうしき》は**明《あか》るいムード**に包《つつ》まれる。工夫《くふう》を凝《こ》らした棺桶《かんおけ》で、故人《こじん》の仕事《しごと》や趣味《しゅみ》を**祝《いわ》う**のだ。

空想《くうそう》のフライト
このカラフルな木製《もくせい》の飛行《ひこう》機は、飛行機《ひこうき》に乗《の》るのが夢《ゆめ》だった祖母《そぼ》のために、二人《ふたり》の兄弟《きょうだい》が製作《せいさく》したものだ。

はい、チーズ！
棺桶《かんおけ》は故人《こじん》の職業《しょくぎょう》を表《あらわ》すものが多《おお》く、このカメラ形《がた》の棺桶《かんおけ》も写真家《しゃしんか》のために作《つく》られた。

棺桶《かんおけ》はアートだ

手作《てづく》りの、凝《こ》ったデザインの棺《かん》桶《おけ》は世界中《せかいじゅう》で展示《てんじ》されてきた。このトカゲの棺桶《かんおけ》はオーストラリアのメルボルンで開《ひら》かれた展《てん》示会《じかい》のために作《つく》られた。

最後《さいご》の炭酸《たんさん》

故人《こじん》の好《す》きだった飲《の》み物《もの》が一目瞭然《いちもくりょうぜん》だ。好物《こうぶつ》も棺桶《かんおけ》のデザインに使《つか》われる。

値《ね》の張《は》る高級品《こうきゅうひん》

このヒョウの棺桶《かんおけ》からちらりと見《み》えるように、豪華《ごうか》な内貼《うちば》りがほどこされた夢《ゆめ》の棺桶《かんおけ》もある。ただし値段《ねだん》は一台《いちだい》９万円《まんえん》ほどで、平均的《へいきんてき》なガーナ人《じん》の１年分《ねんぶん》の給料《きゅうりょう》にあたるので、これが買《か》えるのは裕福《ゆうふく》な人《ひと》たちだけだ。

秘密都市《ひみつとし》

トルコの**カッパドキア**にある古代《こだい》の地下洞窟《ちかどうくつ》は、かつては**人々《ひとびと》の住《す》む都市《とし》**だった。傾斜《けいしゃ》の急《きゅう》な丘《おか》の斜面《しゃめん》の下《した》に、地層《ちそう》をくりぬいて作《つく》られた**秘密《ひみつ》の地下世界《ちかせかい》**が隠《かく》されていた。

デリンクユは深《ふか》さ約《やく》85mで、火山岩《かざんがん》を削《けず》って作《つく》られた。
デリンクユは地下《ちか》11階《かい》まであり、侵入者《しんにゅうしゃ》を阻止《そし》するためにトンネルが不規則《ふきそく》に巡《めぐ》らされている。

カッパドキアの地下都市《ちかとし》の中《なか》で最大《さいだい》の深《ふか》さを持《も》つデリンクユは、寝室《しんしつ》、共有《きょうゆう》スペース、風呂場《ふろば》、かまど、井戸《いど》、通気孔《つうきこう》、教会《きょうかい》、家畜小屋《かちくごや》を備《そな》えていた。初期《しょき》のキリスト教徒《きょうと》が、ローマ帝国《ていこく》の迫害《はくがい》から逃《のが》れるためにここに隠《かく》れていたと考古学者《こうこがくしゃ》は考《かんが》えている。この地下都市《ちかとし》には最大《さいだい》で2万人《まんにん》が住《す》んでいたと推測《すいそく》される。

はやわかりリファレンス

40ほどある地下都市《ちかとし》の一《ひと》つ、デリンクユには入《い》り口《ぐち》が少《すく》なくとも600個《こ》あり、地上《ちじょう》に建《た》てられた家《いえ》の中庭《なかにわ》に隠《かく》されていた。都市《とし》の住人《じゅうにん》は、攻撃《こうげき》を受《う》けた場合《ばあい》、円形《えんけい》の重《おも》い石《いし》のドアでトンネルを中《なか》からふさいだ。

石《いし》を転《ころ》がして狭《せま》い通路《つうろ》をふさぎ、後戻《あともど》りしないようにくさびを打《う》って侵入者《しんにゅうしゃ》をブロックした。

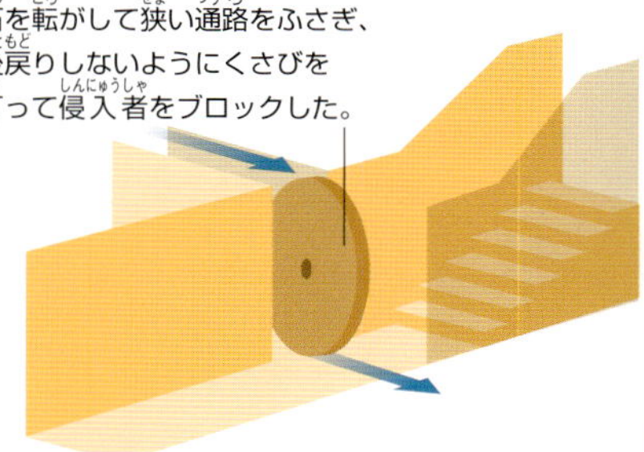

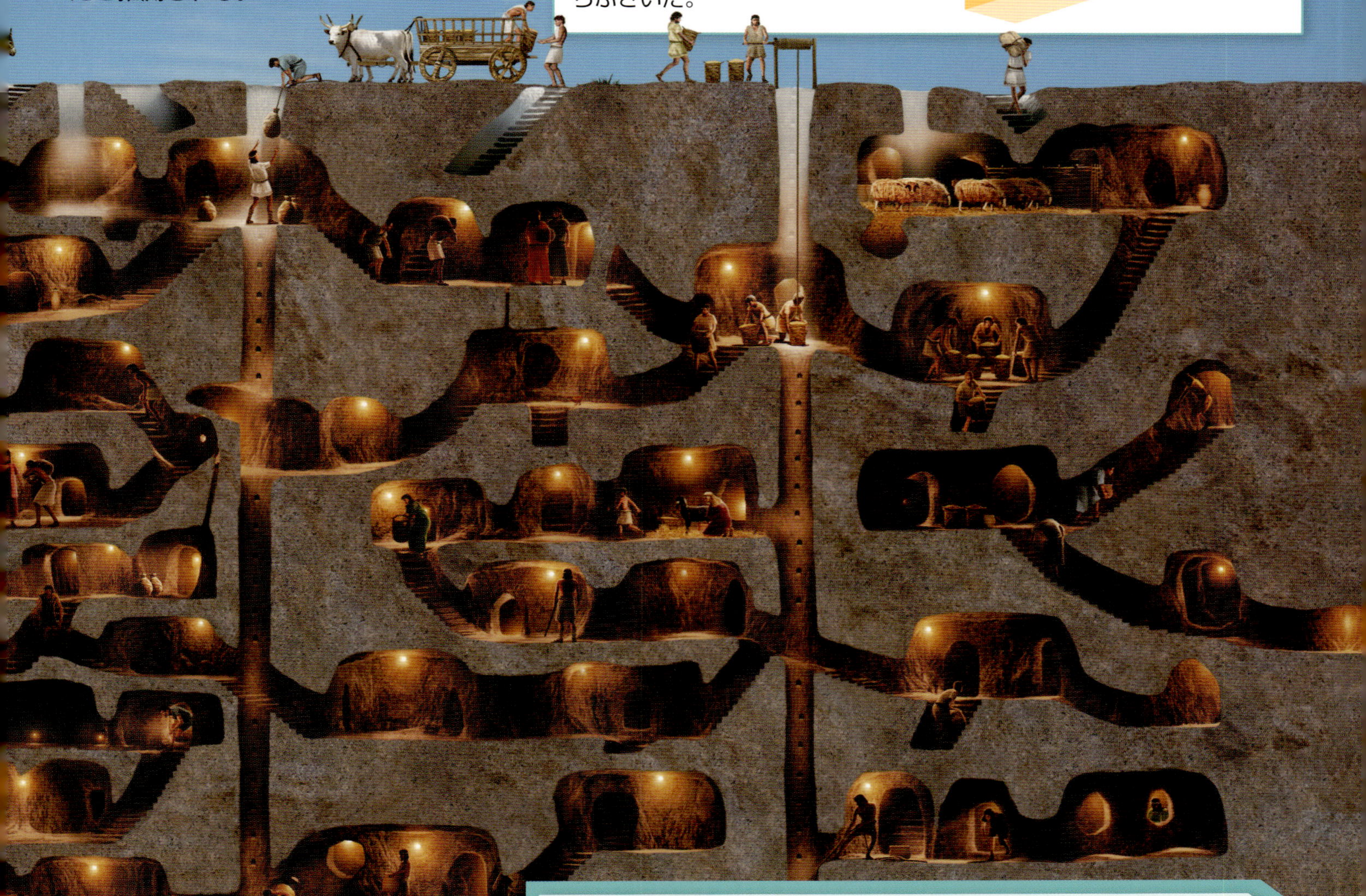

地球《ちきゅう》の裏《うら》の裏《うら》

オーストラリアの中南部《ちゅうなんぶ》にあるオパール鉱山《こうざん》の町《まち》クーバーペディでは、うだるような夏《なつ》の暑《あつ》さに耐《た》えきれなくなった町《まち》の人《ひと》たちが、1915年《ねん》から地下《ちか》で暑《あつ》さをしのぐようになった。町《まち》の人口《じんこう》4,000人《にん》の半分《はんぶん》は、今《いま》も「ダグアウト」と呼《よ》ばれる地下《ちか》の家《いえ》に住《す》んでいる。

謎《なぞ》のモアイ

火山島《かざんとう》**イースター島《とう》**の大地《だいち》に、肩《かた》から上《うえ》だけをにょっきり出《だ》して立《た》っているモアイは、**10～16世紀頃《せいきごろ》**に岩《いわ》から彫《ほ》り出《だ》されたと言《い》われる巨大《きょだい》な石像彫刻《せきぞうちょうこく》だ。**当時《とうじ》のポリネシア人《じん》**により作《つく》られたこの彫刻《ちょうこく》は、現在《げんざい》も島《しま》の住民《じゅうみん》にとって**神聖《しんせい》なもの**とされている。

モアイは一《ひと》つずつ、
柔《やわ》らかい火山岩《かざんがん》から
削《けず》り出《だ》された。

有名人《ゆうめいじん》の顔《かお》

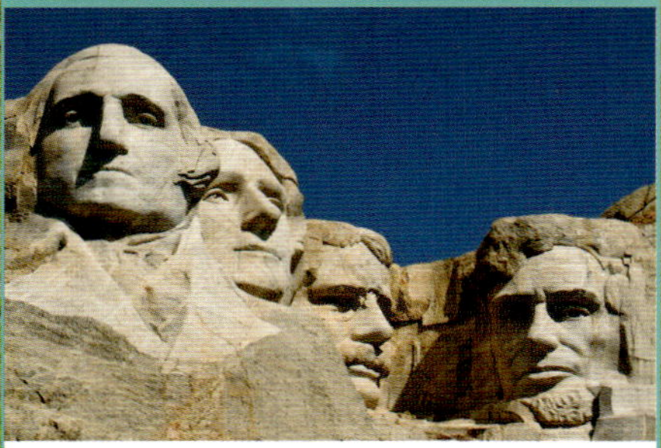

アメリカのサウスダコタ州《しゅう》にあるラシュモア山《さん》は、絶壁《ぜっぺき》の彫刻《ちょうこく》で有名《ゆうめい》だ。ジョージ・ワシントン、トーマス・ジェファーソン、セオドア・ルーズベルト、アブラハム・リンカーンの４大統領《だいとうりょう》の顔《かお》が彫《ほ》られている。1927年《ねん》から1941年《ねん》まで、およそ400人《にん》が作業《さぎょう》にあたり巨大《きょだい》な顔《かお》が完成《かんせい》した。

イースター島《とう》は最寄《もよ》りの有人島《ゆうじんとう》まで2,000kmも離《はな》れた孤島《ことう》だ。

モアイの高《たか》さは平均《へいきん》
4m、重《おも》さは平均《へいきん》
14トンだ。

当時《とうじ》のポリネシア人《じん》は、ずばぬけて優《すぐ》れた能力《のうりょく》を持《も》っていたに違《ちが》いない。モアイは作《つく》るのも難《むずか》しいし、イースター島《とう》のあちこちへ運《はこ》ぶのも大変《たいへん》だからだ。全部《ぜんぶ》で887体《たい》あり、すべて男性像《だんせいぞう》だ。祖先《そせん》の霊《れい》や、当時《とうじ》の酋長《しゅうちょう》、その他《ほか》ポリネシア人《じん》にとって特別《とくべつ》な人《ひと》を崇《あが》めるためにモアイが作《つく》られたと考《かんが》える専門家《せんもんか》がほとんどだが、確《たし》かなことはわかっていない。

はやわかりリファレンス

このモアイの高《たか》さは発掘現場《はっくつげんば》の穴《あな》に立《た》つ人《ひと》の5倍以上《ばいいじょう》ある。

モアイは地下《ちか》に埋《う》められているので、大部分《だいぶぶん》は見《み》えない。今《いま》までイースター島《とう》に立《た》っていたモアイで一番高《いちばんたか》いものは、高《たか》さ約《やく》10mだ。

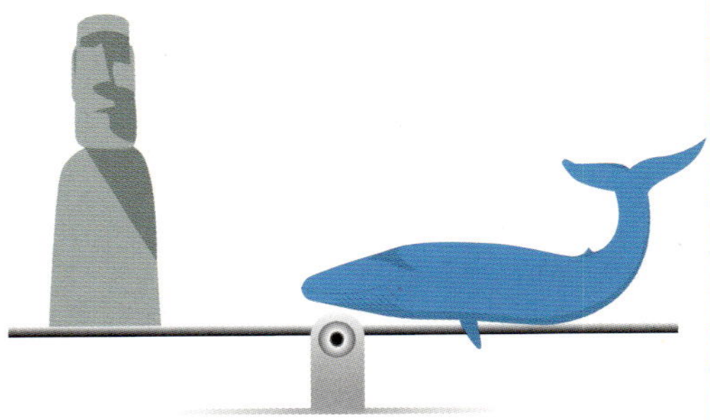

最大《さいだい》のモアイは、「エル・ヒガンテ」(スペイン語《ご》で「巨人《きょじん》」)というニックネームで、採石場《さいせきじょう》で見《み》つかった。この超特大《ちょうとくだい》のモアイは高《たか》さ22m、重《おも》さ約《やく》160トンで、大型《おおがた》のシロナガスクジラに匹敵《ひってき》する。

最高《さいこう》の住《す》まい

木《き》のこずえに家《いえ》を構《かま》えているのは、インドネシアのパプア州《しゅう》ニューギニア島《とう》に住《す》む**原始的《げんしてき》な狩《しゅ》猟採集民《りょうさいしゅうみん》**コロワイ族《ぞく》だ。彼《かれ》らは熱帯雨林《ねったいうりん》にある材料《ざいりょう》で**ツリーハウスを作《つく》る**。ジャングルの奥地《おくち》で暮《く》らすこの部族《ぶぞく》の存在《そんざい》は、つい最近《さいきん》まで**全《まった》く知《し》られていなかった**。

地上高《ちじょうたか》くそびえる家《いえ》は、大《おお》きなバニヤンの木《き》を中心《ちゅうしん》にして作《つく》られる。枝《えだ》や葉《は》はラタンヤシのつるで縛《しば》って床《ゆか》や壁《かべ》の材料《ざいりょう》にする。１軒《けん》の家《いえ》には12名《めい》までの家族《かぞく》が住《す》める。火事《かじ》はとても心配《しんぱい》なので、炎《ほのお》が広《ひろ》がるのを防《ふせ》ぐため、いろり部分《ぶぶん》の床《ゆか》は切《き》り離《はな》せるようになっている。

ニューギニア島《とう》に現在《げんざい》住《す》んでいるコロワイ族《ぞく》は3,000人《にん》ほどしかいない。

ツリーハウスから下《さ》がる簡素《かんそ》なはしごが家《いえ》への入《い》り口《ぐち》だ。

秘境《ひきょう》の孤立民族《こりつみんぞく》

1974年《ねん》にオランダ人宣教師《じんせんきょうし》に発見《はっけん》されるまで、コロワイ族《ぞく》は世界《せかい》から完全《かんぜん》に孤《こ》立《りつ》して暮《く》らしていた。食人《しょくじん》の文化《ぶんか》が今《いま》も残《のこ》ると言《い》われている。

はやわかりリファレンス

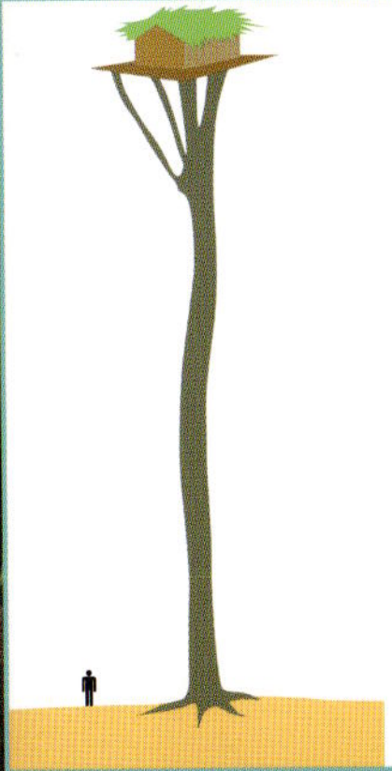

コロワイ族《ぞく》は世界一高《せかいいちたか》い樹上家屋《じゅじょうかおく》に住《す》んでいる。
彼《かれ》らのツリーハウスは最《さい》高《こう》で35mもある。危険《きけん》な動物《どうぶつ》や洪水《こうずい》から身《み》を守《まも》るため、こんなに高《たか》いところに住《す》んでいるのだ。

深《ふか》〜い深呼吸《しんこきゅう》

思《おも》わず息《いき》をのむような深《ふか》みでダイビングする人《ひと》たちがいる。そういう強者《つわもの》は昔《むかし》からいたが、今《いま》では**フリーダイビング**（酸素《さんそ》ボンベを使《つか》わないダイビング）という**エクストリーム・スポーツ**（過激《かげき》な要素《ようそ》を持《も》つスポーツ）で、人間《にんげん》の肉体《にくたい》の**極限《きょくげん》**に挑《いど》んでいる。選手《せんしゅ》たちはたった**一呼吸《ひとこきゅう》**でどれだけ深《ふか》く潜《もぐ》れるかを競《きそ》う。

水深《すいしん》が深《ふか》くなるにつれ、フリーダイバーのピエール・フローラにのしかかる水《みず》の量《りょう》も大《おお》きくなる。フリーダイバーはこのような過酷《かこく》な条件《じょうけん》に対応《たいおう》できるよう訓練《くんれん》しなければならない。

狩《か》りをするフリーダイバー

ボルネオ島《とう》のバジャウ族《ぞく》は、まるで水《みず》から生《う》まれたような民族《みんぞく》だ。海《うみ》の上《うえ》の高床式《たかゆかしき》の家《いえ》に住《す》み、食料《しょくりょう》の魚《さかな》を求《もと》めてフリーダイビングする。バジャウ族一番《ぞくいちばん》のダイバーは、たったの一呼吸《ひとこきゅう》で最長《さいちょう》5分間息《ふんかんいき》を止《と》め、水深《すいしん》20mのサンゴ礁《しょう》の底《そこ》まで潜《もぐ》ることができる。

水深《すいしん》100m地点《ちてん》では、人間《にんげん》の肺《はい》は水圧《すいあつ》で縮《ちぢ》んで握《にぎ》りこぶしほどの大《おお》きさになる。

この飛行機《ひこうき》の残骸《ざんがい》は
バハマ諸島《しょとう》にある。

はやわかりリファレンス

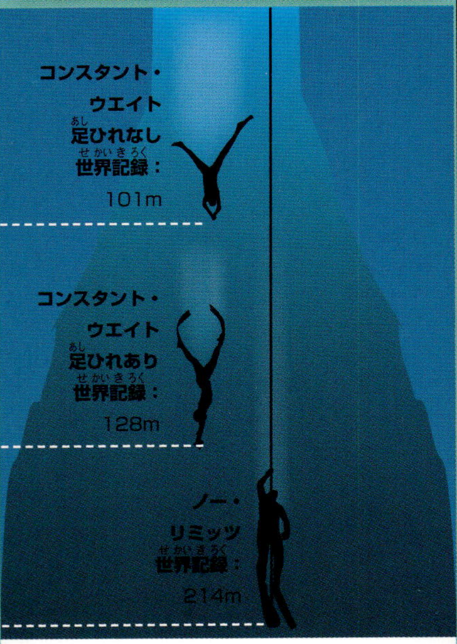
コンスタント・ウエイト
足《あし》ひれなし
世界記録《せかいきろく》：
101m
コンスタント・ウエイト
足《あし》ひれあり
世界記録《せかいきろく》：
128m
ノー・リミッツ
世界記録《せかいきろく》：
214m

フリーダイビング競技《きょうぎ》は、ダイバーが使《つか》う装備《そうび》などによって種目《しゅもく》が分《わ》かれている。「ノー・リミッツ」はおもりを使《つか》って高速《こうそく》で潜行《せんこう》する。「コンスタント・ウエイト」はダイバー自身《じしん》の泳《およ》ぐ力《ちから》で潜行《せんこう》、浮上《ふじょう》する。速《はや》く潜行《せんこう》できるようおもりを使《つか》ってもよいが、浮上《ふじょう》する時《とき》も同《おな》じおもりを装着《そうちゃく》していなくてはならない。

フリーダイバーは数分間息《すうふんかんいき》を止《と》め、1回《かい》の潜水《せんすい》で100m以上《いじょう》の深度《しんど》に潜《もぐ》っていく。潜水《せんすい》に挑戦《ちょうせん》するために、ダイバーは精神的《せいしんてき》にも肉体的《にくたいてき》にも訓練《くんれん》を積《つ》むが、このような驚《おどろ》くべき水中活動《すいちゅうかつどう》を行《おこな》う能力《のうりょく》が人体《じんたい》にはもともと備《そな》わっているようだ。例《たと》えば、冷《つめ》たい水《みず》に潜《もぐ》ると、酸素《さんそ》を節約《せつやく》するため心拍数《しんぱくすう》が落《お》ちる。また、重要《じゅうよう》な臓器《ぞうき》を守《まも》るため、腕《うで》や足《あし》などの血液《けつえき》の流《なが》れが減少《げんしょう》する。

激流《げきりゅう》の綱渡《つなわた》り

か細《ぼそ》いロープの橋《はし》をつたってアジアの**メコン川《がわ》**の激流《げきりゅう》を渡《わた》るのは、**この地《ち》で漁業《ぎょぎょう》を営《いとな》むラーオ族《ぞく》**にとって毎《まい》日《にち》の生活《せいかつ》の一部《いちぶ》だ。彼《かれ》らは水位《すいい》がどんなに高《たか》くても、**危険《きけん》な急流《きゅうりゅう》**を渡《わた》り、魚《さかな》が一番《いちばん》よく集《あつ》まる場所《ばしょ》に網《あみ》を張《は》らなければならない。

メコン川《がわ》には1,300種《しゅ》以上《いじょう》の魚《さかな》が生息《せいそく》する。

危《あぶ》ない通学路《つうがくろ》

世界《せかい》には、学校《がっこう》を運営《うんえい》するのがとても難《むずか》しい場所《ばしょ》がある。中国《ちゅうごく》貴《き》州省畢《しゅうしょうひっ》節市《せつし》のこの生徒《せいと》たちは、毎日《まいにち》２時間《じかん》かけて山《やま》の中《なか》にある学校《がっこう》に通《かよ》っている。岩場《いわば》の狭《せま》いトンネルや、写真《しゃしん》のような、断崖《だんがい》にある幅《はば》わずか50cmの危《あぶ》なっかしい小道《こみち》を通《とお》りぬけなければならない。

渦巻《うずま》く急流《きゅうりゅう》や砕《くだ》け散《ち》る滝《たき》を集《あつ》めて流《なが》れるメコン川《がわ》は、予測《よそく》がつかないほど流量《りゅうりょう》が年間《ねんかん》を通《つう》じて大幅《おおはば》に変化《へんか》する。しかし、この荒々《あらあら》しい川《かわ》の水《みず》はたくさんの種《しゅ》類《るい》の魚《さかな》を育《はぐく》んでいるので、沿岸《えんがん》に住《す》む人《ひと》たちには漁《ぎょ》業《ぎょう》で暮《く》らす人《ひと》が多《おお》い。写真《しゃしん》の漁師《りょうし》は、ヒヤヒヤするほど簡素《かんそ》な橋《はし》を渡《わた》り、とっておきの漁場《ぎょじょう》に向《む》かっているところだ。

このか細《ぼそ》い綱《つな》は地元《じもと》の漁師《りょうし》がロープや古《ふる》いケーブルを少《すこ》しずつつなぎ合《あ》わせて作《つく》ったものだ。

中国《ちゅうごく》を流《なが》れるメコン川上流《がわじょうりゅう》部分《ぶぶん》「瀾滄江《らんそうこう》」は「大波《おおなみ》の川《かわ》」という意味《いみ》だ。タイ語《ご》とラオス語《ご》ではメコン川《がわ》は「母《はは》なる川《かわ》」という意味《いみ》になる。メコンデルタで多《おお》くの支流《しりゅう》に分《わ》かれることからベトナム人《じん》は「九龍《きゅうりゅう》」と呼《よ》んでいる。

はやわかりリファレンス

全長《ぜんちょう》4,000km以上《いじょう》におよぶメコン川《がわ》は、世界《せかい》で12番目《ばんめ》に長《なが》い川《かわ》だ。中国《ちゅうごく》、ミャンマー、タイ、ラオス、カンボジア、ベトナムを通《とお》って流《なが》れる。

ハニーハンター

ネパールに住《す》む**グルン族《ぞく》**は、**重力《じゅうりょく》に逆《さか》らってそそり立《た》つ**ヒマラヤ山脈《さんみゃく》の断崖《だんがい》で、ハチの巣《す》を集《あつ》めて暮《く》らしを立《た》てている。甘《あま》いごちそうを手《て》に入れるために、揺《ゆ》れる縄《なわ》ばしごで断崖絶壁《だんがいぜっぺき》にぶらさがる、**命《いのち》がけの芸当《げいとう》**だ。

よく聞《き》かれる不満《ふまん》は手《て》まめやハチに刺《さ》されること。ハニーハンティングは命《いのち》がけだ。

危険《きけん》な商売《しょうばい》

バングラデシュの大森林地帯《だいしんりんちたい》シュンドルボンのハニーハンターは、大型《おおがた》のネコ科動物《かどうぶつ》に襲《おそ》われる危険《きけん》にさらされている。煙《けむり》でハチを追《お》い払《はら》うために岩壁《がんぺき》のそばで火《ひ》を焚《た》くが、様子《ようす》を見《み》に来《き》たベンガルトラに襲《おそ》われて、けがをしたり命《いのち》を落《お》としたりするハンターが少《すく》なくないのだ。

地上《ちじょう》から最高《さいこう》90mの高《たか》さでブラブラと揺《ゆ》れながら、ハニーハンターは、怒《おこ》ったハチの巨大《きょだい》な群《む》れが、もくもくと上《あ》がる煙《けむり》でおとなしくなるのを待《ま》つ。ハニーハンティングは数千年《すうせんねん》にわたって受《う》け継《つ》がれてきた伝統《でんとう》だ。採取《さいしゅ》された蜂蜜《はちみつ》は、一部《いちぶ》をお茶《ちゃ》に入れるため村人《むらびと》の間《あいだ》で分《わ》け、残《のこ》りは販売《はんばい》される。

ハニーハンターは、竹《たけ》ざおから作《つく》られた「タンゴ」と呼《よ》ばれる道具《どうぐ》を使《つか》い、絶壁《ぜっぺき》の表面《ひょうめん》からハチの巣《す》を切《き》り取《と》る。

はやわかりリファレンス

最大《さいだい》で体長《たいちょう》3cmにもなるヒマラヤオオミツバチ[学名《がくめい》*Apis laboriosa*(アピス・ラボリオサ)]は、世界最大《せかいさいだい》のミツバチだ。高地《こうち》に生息《せいそく》し、切《き》り立《た》った岩壁《がんぺき》の側面《そくめん》に今《いま》にも落《お》っこちそうな大《おお》きな巣《す》を作《つく》る。

セイヨウミツバチの体長《たいちょう》は
わずか1.2cmほどだ。
ヒマラヤ
オオミツバチ

最強《さいきょう》の塔《とう》

スペインのカタルーニャ地方《ちほう》には、18世紀《せいき》から受《う》け継《つ》がれ、人々《ひとびと》が**手《て》に汗握《あせにぎ》って見守《みまも》る祭《まつ》り**がある。**人間《にんげん》の塔《とう》**は、競技会《きょうぎかい》も開《ひら》かれているスポーツだ。勇敢《ゆうかん》な**カスタリェース**(構成員《こうせいいん》)たちが仲間《なかま》の**頭《あたま》や肩《かた》**の上《うえ》に立《た》ち、塔《とう》を組《く》み上《あ》げていく。

年《ねん》に2回《かい》開《ひら》かれているこの競技会《きょうぎかい》では、最《さい》も素晴《すば》らしい人間《にんげん》の塔《とう》をできるだけ素早《すばや》く組《く》み上《あ》げるため、カスタリェースのチームが力《ちから》を合《あ》わせる。最後《さいご》のポジションにつくメンバーが、4本《ほん》の指《ゆび》を伸《の》ばして片手《かたて》を上《あ》げるのは、赤《あか》い4本線《ほんせん》の入ったカタルーニャの旗《はた》を表《あらわ》している。最《もっと》も複雑《ふくざつ》な塔《とう》の組《く》み上《あ》げと解体《かいたい》に成功《せいこう》したチームに最高点《さいこうてん》が与《あた》えられる。

上部《じょうぶ》の段《だん》は
子《こ》どもが登《のぼ》って作《つく》る。

解体《かいたい》が
一番難《いちばんむずか》しいので、
医療班《いりょうはん》が待機《たいき》
している。

はやわかりリファレンス

ポムと呼《よ》ばれる上部《じょうぶ》は素早《すばや》く組《く》み立《た》てなければならない。
塔《とう》のメイン部分《ぶぶん》は木《き》の幹《みき》を意味《いみ》するトロンクと呼《よ》ばれる。
ピーニャと呼《よ》ばれる頑丈《がんじょう》な基礎部分《きそぶぶん》は支《ささ》えとなり、塔《とう》が崩《くず》れた時《とき》のクッションにもなる。

記録《きろく》に残《のこ》る一番高《いちばんたか》い人間《にんげん》の塔《とう》は、各段《かくだん》3人《にん》ずつの10段《だん》だ。カタルーニャ地方《ちほう》のビラフランカで開《ひら》かれる毎年恒例《まいとしこうれい》の祭《まつ》りで、地元《じもと》のカスタリェースが組《く》み上《あ》げた。塔《とう》の基礎部分《きそぶぶん》を支《ささ》える人数《にんずう》は500人以上《にんいじょう》にのぼった。

二重《にじゅう》のお祝《いわ》い

スペイン人《じん》はパーティーが大好《だいす》きだ。スペインのベルチュレスの町《まち》の住民《じゅうみん》は一年《いちねん》に2回新年《かいしんねん》を祝《いわ》う。1994年《ねん》の大《おお》みそかに停電《ていでん》していつもの祭《まつ》りができなかったので、8月《がつ》にもう一度大《いちどおお》みそかを祝《いわ》う祭《まつ》りを開《ひら》いたのだ。それが伝統《でんとう》となって今《いま》でも続《つづ》けられている。

街《まち》が真《ま》っ赤《か》になる祭《まつ》り

トマトを武器《ぶき》に戦《たたか》うのが、毎年恒例《まいとしこうれい》の**ラ・トマティーナ**(トマト祭《まつ》り)だ。数《かず》あるスペインの祭《まつ》りの中《なか》でもこれほど汚《よご》れるものは他《ほか》にない。この**収穫祭《しゅうかくさい》**は、食《た》べ物《もの》の投《な》げ合《あ》い祭《まつ》りとして今《いま》や世界最大《せかいさいだい》だ。ふんだんに供《きょう》給《きゅう》される武器《ぶき》の**トマトは潰《つぶ》して**から投《な》げるのがルールで、数万人《すうまんにん》の参加者《さんかしゃ》が**土砂降《どしゃぶ》りのトマト**にまみれる。

通《とお》りを埋《う》め尽《つ》くす参加者《さんかしゃ》は
2万人《まんにん》に制限《せいげん》されている。
これはいつもの町《まち》の人口《じんこう》の
2倍《ばい》だ。かつて祭《まつ》りが5万人《まんにん》の
人出《ひとで》でごった返《がえ》したことがある。

熟《じゅく》したトマトにまみれた参加者《さんかしゃ》で、
群集全体《ぐんしゅうぜんたい》がドロドロの赤一色《あかいっしょく》に染《そ》まる。

スイカ「狂《きょう》」争《そう》

オーストラリアのチンチラ・フェスティバルで使《つか》われる果物《くだもの》はスイカだ。南半球《みなみはんきゅう》では真夏《まなつ》にあたる2月《がつ》、スイカの収穫《しゅうかく》を祝《いわ》って1年《ねん》おきに行《おこな》われるこの祭《まつ》りは、スイカ・スキー[写真《しゃしん》]や、スイカ投《な》げ、種飛《たねと》ばしなど、たくさんの種目《しゅもく》で注目《ちゅうもく》を集《あつ》める。

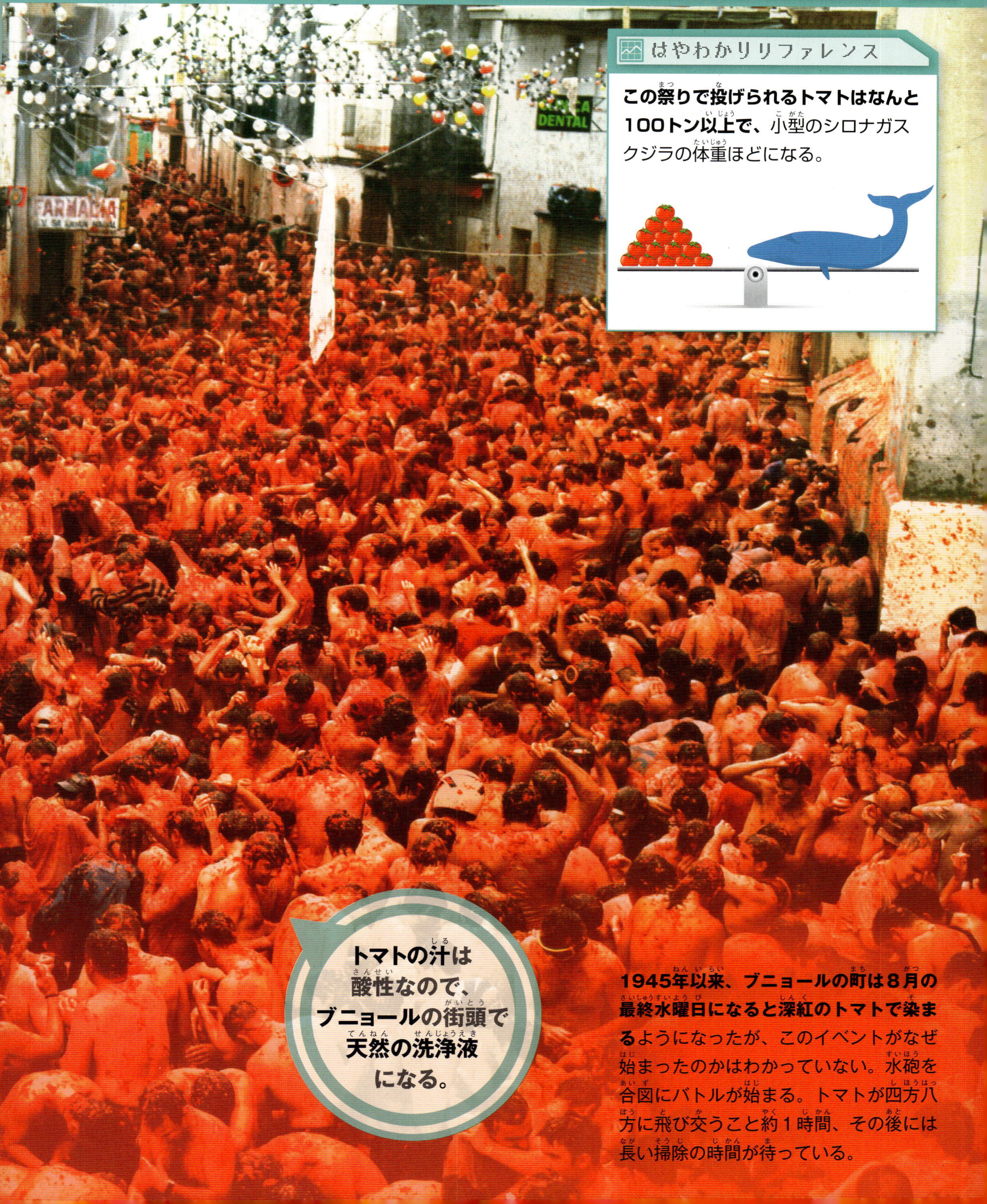

はやわかりリファレンス

この祭《まつ》りで投《な》げられるトマトはなんと100トン以上《いじょう》で、小型《こがた》のシロナガスクジラの体重《たいじゅう》ほどになる。

1945年以来《ねんいらい》、ブニョールの町《まち》は８月《がつ》の最終水曜日《さいしゅうすいようび》になると深紅《しんく》のトマトで染《そ》まるようになったが、このイベントがなぜ始《はじ》まったのかはわかっていない。水砲《すいほう》を合図《あいず》にバトルが始《はじ》まる。トマトが四方八方《しほうはっぽう》に飛《と》び交《か》うこと約《やく》１時間《じかん》、その後《あと》には長《なが》い掃除《そうじ》の時間《じかん》が待《ま》っている。

トマトの汁《しる》は酸性《さんせい》なので、ブニョールの街頭《がいとう》で天然《てんねん》の洗浄液《せんじょうえき》になる。

楽《たの》しい祭《まつ》り

大昔《おおむかし》からの伝統《でんとう》であれ、**宗教的《しゅうきょうてき》な風習《ふうしゅう》**であれ、楽《たの》しむためのただの口実《こうじつ》であれ、祭《まつ》りは**特別《とくべつ》な日《ひ》**。地域《ちいき》の人《ひと》が団結《だんけつ》し、**一緒《いっしょ》になって祝《いわ》う**大切《たいせつ》な機会《きかい》だ。

水《みず》かけ祭《まつ》り
タイの旧正月《きゅうしょうがつ》の伝統的《でんとうてき》なお祝《いわ》いは、ソンクラーン水祭《みずまつ》りで始《はじ》まる。ゾウは水《みず》を吹《ふ》き出《だ》し、子《こ》どもたちは水鉄砲《みずでっぽう》を発射《はっしゃ》し、通行人《つうこうにん》はバケツの水《みず》をぶっかけられてびしょぬれになる。毎年《まいとし》4月《がつ》のこのけた外《はず》れの水《みず》かけ合戦《かっせん》が終《お》わると、徐々《じょじょ》に雨季《うき》が訪《おとず》れる。

盛大《せいだい》な魚祭《さかなまつ》り

1934年《ねん》に始《はじ》まったアルグング釣《つ》り祭《まつ》りのため、ナイジェリアのケビ州《しゅう》にあるマタン・ファダ川《がわ》に釣《つ》り人《びと》たちが集結《しゅうけつ》する。大網《おおあみ》やウリをくりぬいた道具《どうぐ》を駆使《くし》して、１時間以内《じかんいない》に一《いち》番大《ばんおお》きな魚《さかな》を捕《つか》まえた人《ひと》が現金《げんきん》とバス(！)を獲得《かくとく》する。

大根《だいこん》(ラディッシュ)アート

「ラディッシュの夜《よる》」は、毎年《まいとし》12月《がつ》23日《にち》にメキシコのオアハカ市《し》が街《まち》をあげて盛大《せいだい》に祝《いわ》う祭《まつ》りだ。ラディッシュの彫刻《ちょうこく》コンテストが行《おこな》われ、参加者《さんかしゃ》の苦心《くしん》の青果《せいか》、いや成果《せいか》が、数千人《すうせんにん》の観衆《かんしゅう》に披露《ひろう》される。

雪《ゆき》の彫刻《ちょうこく》

1950年《ねん》に始まった世界最大《せかいさいだい》の**雪《ゆき》の祭典《さいてん》**は、
毎年**札幌《まいとしさっぽろ》**の街《まち》を熱気《ねっき》の渦《うず》に巻《ま》き込《こ》んでいる。
240万人《まんにん》を超《こ》える**来場者《らいじょうしゃ》**が世界中《せかいじゅう》から訪《おとず》れ、
雪《ゆき》の彫刻《ちょうこく》に驚《おどろ》きと感動《かんどう》の声《こえ》を上《あ》げながら、
とびきりクールな祭《まつ》りを楽《たの》しんでいる。

さっぽろ雪《ゆき》まつりで使《つか》われる雪《ゆき》の量《りょう》は5トントラックおよそ6,500台分《だいぶん》だ。

雪《ゆき》の聖域《せいいき》

カナダのケベック州《しゅう》にあるオテル・ド・グラス（氷《こおり》のホテル）は、雪好《ゆきず》きの女性《じょせい》たちの憧《あこが》れの場所《ばしょ》だ。ほとんど雪《ゆき》と氷《こおり》だけで作《つく》られたこのホテルは、結婚式用《けっこんしきよう》の礼《れい》拝堂《はいどう》や、氷《こおり》の滑《すべ》り台《だい》、氷《こおり》のカフェなどを備《そな》えている。

おとぎの国《くに》の城《しろ》や巨大《きょだい》なキャラクターなど、さまざまな雪像《せつぞう》が展示《てんじ》される。

さっぽろ雪《ゆき》まつりは毎年《まいとし》２月《がつ》に開催《かいさい》される。国際雪像《こくさいせつぞう》コンクールでは、世界中《せかいじゅう》から集《あつ》まったチームが競《きそ》い合《あ》い、想像《そうぞう》の限《かぎ》りを尽《つ》くした目《め》を見《み》張《は》るような雪像《せつぞう》を制作《せいさく》する。雪《ゆき》まつりはもともとは学生《がくせい》がつたない作《さく》品《ひん》を大通公園《おおどおりこうえん》に展示《てんじ》した小《ち》さなイベントだったが、現在《げんざい》では数百点《すうひゃくてん》の雪像《せつぞう》が立《た》ち並《なら》ぶ、世界最大級《せかいさいだいきゅう》の冬《ふゆ》のイベントに発展《はってん》した。

最大《さいだい》の雪像《せつぞう》は
高《たか》さ15m、幅《はば》24m
にもなる。

はやわかりリファレンス

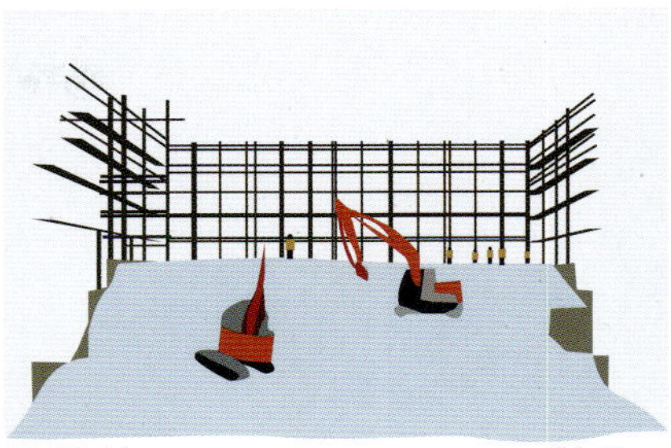

雪像作《せつぞうづく》りはまずトラックで現場《げんば》に雪《ゆき》を運搬《うんぱん》することから始《はじ》まる。次《つぎ》にブルドーザーで基礎《きそ》をしっかり固《かた》める。

雪《ゆき》を足《た》してフレームに詰《つ》め込《こ》み、硬《かた》いブロック状《じょう》にする。木枠《きわく》を取《と》り除《のぞ》いて彫《ほ》り始《はじ》める。

フレームを取《と》り除《のぞ》いて丹念《たんねん》に削《けず》り出《だ》し作業《さぎょう》をして仕上《しあ》げていく。

飛行機《ひこうき》マニアの楽園《らくえん》

旅客機《りょかくき》の後方気流《こうほうきりゅう》が直撃《ちょくげき》すると、吹《ふ》き飛《と》ばされたり、死《し》ぬ危険《きけん》がある。

カリブ海《かい》で最《もっと》も混《こ》み合《あ》う空港《くうこう》の一《ひと》つ、シント・マールテン島《とう》のプリンセス・ジュリアナ国際空港《こくさいくうこう》は、旅客機《りょかくき》がビーチを低空《ていくう》で通過《つうか》するために、思《おも》いがけず観光《かんこう》スポットとなった。シント・マールテン島《とう》は、二《ふた》つの国《くに》で分割《ぶんかつ》された小さな陸地《りくち》だ。オランダ領《りょう》(シント・マールテン)とフランス領《りょう》(サン・マルタン)に分《わ》かれ、マホビーチはオランダ領《りょう》にある。

滑走路沿《かっそうろそ》いのゴルフコース

カンタラット・ゴルフコースは、タイのドンムアン空港《くうこう》の２本《ほん》の滑走路《かっそうろ》にぎゅっと挟《はさ》まれている。ここではホール間《かん》をゴルフカートで安全《あんぜん》に移動《いどう》できるように信号《しんごう》が設置《せっち》されている。

マホビーチは楽園《らくえん》の平和《へいわ》なイメージとはほど遠《とお》い。**超低空飛行《ちょうていくうひこう》のジェット機《き》**が青空《あおぞら》を陰《かげ》らせ、カリブ海《かい》に砕《くだ》け散《ち》る大波《おおなみ》の音《おと》は、**エンジンの轟音《ごうおん》**にかき消《け》されてしまう。砂浜《すなはま》からわずか数《すう》メートルのところに滑走路《かっそうろ》があるため、スリル大好《だいす》き人間《にんげん》や飛《ひ》行機《こうき》マニアは、**究極《きゅうきょく》の急接近《きゅうせっきん》**を毎日体験《まいにちたいけん》できる。

AIR CARAÏBES

海水浴客《かいすいよくきゃく》は、
旅客機《りょかくき》が着陸《ちゃくりく》するたびに
時速《じそく》240kmの強風《きょうふう》に
あおられる。

はやわかりリファレンス

プリンセス・ジュリアナ国際空港《こくさいくうこう》の滑走路《かっそうろ》は2,400mほどと短《みじか》いため、旅客機《りょかくき》は安《あん》全《ぜん》に着陸《ちゃくりく》するために低空飛行《ていくうひこう》しなければならない。高度《こうど》を落《お》としながら、ビーチの上空《じょうくう》9～18mを通過《つうか》する。

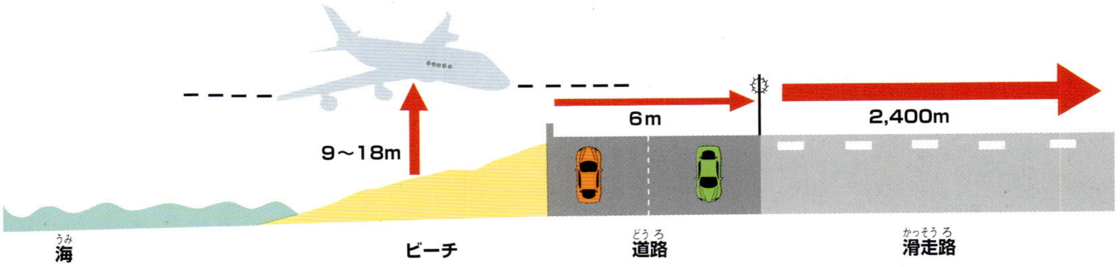
9～18m
6m
2,400m
海《うみ》
ビーチ
道路《どうろ》
滑走路《かっそうろ》

究極《きゅうきょく》の決断《けつだん》

バンジージャンプより前《まえ》から、もっと怖《こわ》いスポーツがあった。南太平洋《みなみたいへいよう》に浮《う》かぶ**ペンテコスト島《とう》**では、ナゴールという**決死《けっし》の飛《と》び降《お》りの儀式《ぎしき》**が何世紀《なんせいき》にもわたって受《う》け継《つ》がれてきた。命知《いのちし》らずの男《おとこ》たちが、足首《あしくび》に結《むす》びつけた**ジャングルのツタ**１本《ぽん》だけを頼《たよ》りに**めまいがするような高所《こうしょ》**から身《み》を投《な》げるのだ。

ナゴールが行《おこな》われるのは雨季《うき》の後《あと》、ツタが水分《すいぶん》をたっぷり含《ふく》み、弾力性《だんりょくせい》と強度《きょうど》が最大《さいだい》になった時《とき》だ。

ナゴールは最初《さいしょ》は木《き》の上《うえ》から行《おこな》われていたが、今《いま》では心《こころ》もとない感《かん》じのやぐらが組《く》まれている。ジャンプに先立《さきだ》って男《おとこ》も女《おんな》も歌《うた》い踊《おど》った後《あと》、一人《ひとり》の男《おとこ》がやぐらに登《のぼ》り、足《あし》首《くび》にツタを結《むす》びつける。ジャンパーは頭《あたま》から飛《と》び降《お》り、地面《じめん》に向《む》かって真《ま》っ逆《さか》さまに急降下《きゅうこうか》する。ジャンパーが勇敢《ゆうかん》であればあるほど、その年《とし》のヤムイモの収穫《しゅうかく》が豊作《ほうさく》になると地元《じもと》の人《ひと》たちは信《しん》じている。

ナゴールは島《しま》の若者《わかもの》が成人《せいじん》する時《とき》の通過儀礼《つうかぎれい》だ。

ジャンパーは
地上《ちじょう》20m以上《いじょう》にそびえるやぐらから飛《と》び降《お》りる。

はやわかりリファレンス

世界一《せかいいち》の高《たか》さを誇《ほこ》るバンジージャンプスポットは、中国《ちゅうごく》のマカオタワーだ。スリル中毒者《ちゅうどくしゃ》たちはタワー外縁《がいえん》の地上《ちじょう》233mのプラットフォームから飛《と》び降《お》りて、ゴムの弾性《だんせい》で戻《もど》るまでの6秒間《びょうかん》、急降下《きゅうこうか》のスリルをたっぷり味合《あじわ》うことができる。ナゴールのやぐらのてっぺんの高《たか》さは40mほどなので、マカオタワーのバンジージャンプとそろえるには6台《だい》積《つ》み重《かさ》ねなければならない。

逃亡成功《とうぼうせいこう》

ナゴールの初《はじ》まりは、不幸《ふこう》な結婚《けっこん》の伝説《でんせつ》にある。ひどい夫《おっと》から逃《に》げ出《だ》した妻《つま》が、ジャングルの中《なか》を必死《ひっし》で走《はし》っていた。木《き》に登《のぼ》ると、夫《おっと》がすぐ足元《あしもと》に迫《せま》ってきたので、妻《つま》は足首《あしくび》にツタを結《むす》びつけて飛《と》び降《お》りた。妻《つま》は無事《ぶじ》に着地《ちゃくち》したが、ツタを結《むす》びつけずに飛《と》び降《お》りた夫《おっと》は死《し》んでしまったということだ。

ストリートビューは
水中《すいちゅう》にも進出《しんしゅつ》し、
グレート・バリア・
リーフを撮影《さつえい》した。

トレッカーというストリートビュー専用《せんよう》のカメラは、バックパックとして背《せ》負《お》うこともできるので、アクセスが難《むずか》しい場所《ばしょ》でも撮影《さつえい》できる。

ラフィアとガイドは、
日《ひ》差《ざ》しが撮影《さつえい》に一番適《いちばんてき》している、
日《ひ》の出《で》の頃《ころ》に砂漠《さばく》を回《まわ》った。

タイミングが肝心《かんじん》

ストリートビューの車両《しゃりょう》がちょうどいいタイミングでちょうどいい場所《ばしょ》を走《はし》っている時《とき》には、搭載《とうさい》カメラが虹《にじ》[写真《しゃしん》]や稲妻《いなずま》、レンズで羽《はね》を休《やす》めるチョウなどを捉《とら》えてきた。でもタイミングが悪《わる》いと、危《あや》うく鳥《とり》がカメラに衝突《しょうとつ》しかけたり、鳥《とり》のふんで景色《けしき》が台《だい》なしになることもある。

はやわかりリファレンス

ストリートビューは、39カ《か》国《こく》にまたがる延《の》べ800万《まん》kmの道路《どうろ》を網羅《もうら》し、続々《ぞくぞく》と画《が》像《ぞう》を追加《ついか》している。都会《とかい》や街《まち》の風景《ふうけい》の他《ほか》にも、ギザのピラミッドやエベレストのベースキャンプをはじめ、世界的《せかいてき》な名所《めいしょ》のパノラマが撮影《さつえい》されている。

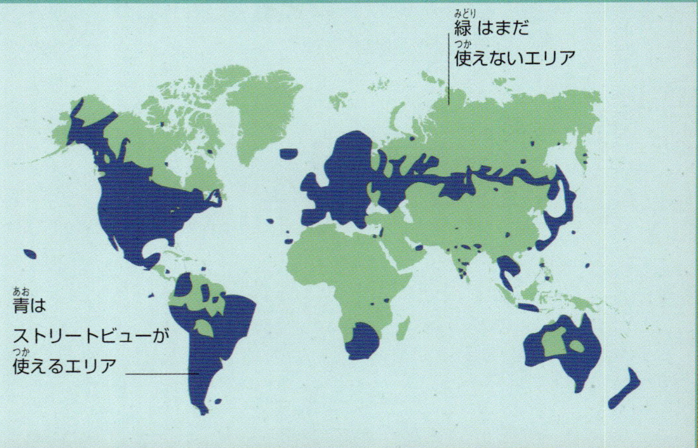
緑《みどり》はまだ
使《つか》えないエリア
青《あお》は
ストリートビューが
使《つか》えるエリア

グーグルマップは、インターネット上《じょう》でストリートビューを提供《ていきょう》するサービスを2007年《ねん》に始《はじ》めた。ストリートビューのパノラマ写真《じゃしん》に使《つか》われる静止画《せいしが》像《ぞう》は、ふつう車両《しゃりょう》に搭載《とうさい》されたカメラで撮影《さつえい》されている。しかし、アラブ首長国連邦《しゅちょうこくれんぽう》のリワ砂漠《さばく》は、並《なみ》のストリートビューとはわけが違《ちが》う。この広大《こうだい》な砂《さ》漠《ばく》には特別《とくべつ》なカメラマンが必要《ひつよう》だったので、その環《かん》境《きょう》に適応《てきおう》している動物《どうぶつ》に自然《しぜん》と白羽《しらは》の矢《や》が立《た》った。

ラクダのカメラマン

昔《むかし》から「砂漠《さばく》の船《ふね》」と呼《よ》ばれてきたラクダは、今《いま》や世界《せかい》を撮影《さつえい》する船《ふね》として活躍《かつやく》している。ラクダのラフィア10歳《さい》は、**コブに載《の》せたカメラ**で**リワ砂漠《さばく》**を撮影《さつえい》し、**地《ち》図《ず》による地球征覇《ちきゅうせいは》**を目指《めざ》すグーグルにとって、初《はつ》の動物《どうぶつ》アシスタントになった。

命《いのち》知《し》らずのクライマー

高層《こうそう》ビルをよじ登《のぼ》るスパイダーマンは架空《かくう》のスーパーヒーローだ。しかし、一人《ひとり》のフランス人《じん》が、信《しん》じられないような登頂《とうちょう》に次々《つぎつぎ》と成功《せいこう》し、**漫画《まんが》の世界《せかい》を現実《げんじつ》にした**。**度肝《どぎも》を抜《ぬ》く奇行《きこう》**を理由《りゆう》に、彼《かれ》は世界各地《せかいかくち》で賞《しょう》を受《う》けたこともあれば逮捕《たいほ》されたこともある。

アラン・ロベールは長年フリークライマーとして活動《かつどう》し続《つづ》けているため、指《ゆび》をまっすぐに伸《の》ばすことができない。

この写真《しゃしん》は、フリーソロクライマーのアラン・ロベールが、2007年《ねん》にアラブ首長国連邦《しゅちょうこくれんぽう》のアブダビ投資庁《とうしちょう》ビルを登《のぼ》っているところだ。この高層《こうそう》ビルの高《たか》さは185mある。

「助《たす》けを借《か》りない」という意味《いみ》のフリーソロクライミングは、命綱《いのちづな》や安全装置《あんぜんそうち》なしで登《のぼ》る。人並外《ひとなみはず》れたクライマーのアラン・ロベールは、クライミングシューズと素手《すで》だけの力《ちから》で、世界有数《せかいゆうすう》の高層《こうそう》ビルの登頂《とうちょう》に成功《せいこう》している。許可《きょか》を得《え》て登《のぼ》る場合《ばあい》もあれば、許可《きょか》なく登《のぼ》って逮捕《たいほ》されたことも多《おお》い。

はやわかりリファレンス

ロベールが登頂《とうちょう》に成功《せいこう》したビルの中《なか》には世界《せかい》的《てき》な名所《めいしょ》がいくつもある。2011年《ねん》には、ドバイにある世界一高《せかいいちたか》い828mのブルジュ・ハリーファに登頂《とうちょう》している。これは許可《きょか》を得《え》て行《おこな》われたが、法令《ほうれい》を守《まも》るためハーネス(安全《あんぜん》装備《そうび》)を着用《ちゃくよう》しなければならなかった。

心臓《しんぞう》が止《と》まりそうなスポーツ

ベースジャンピングは、フリークライミングと似《に》たスポーツだ。ただ、進《すす》む方向《ほうこう》が逆《ぎゃく》で、スピードも断然速《だんぜんはや》い。ジャンパーたちは興奮《こうふん》する時《とき》に分泌《ぶんぴつ》されるアドレナリンが病《や》みつきになっているに違《ちが》いない。彼《かれ》らは断崖《だんがい》やビルなどから飛《と》び降《お》り、自由落下《じゆうらっか》するわずか数秒間《すうびょうかん》にパラシュートを開《ひら》いて安全《あんぜん》に着地《ちゃくち》する。

最高《さいこう》のコンディション

この写真《しゃしん》は、「**7つ星《ぼし》ホテル**」と言《い》われるドバイの豪《ごう》華《か》ホテルの**ヘリパッド**(ヘリコプターの簡易発着場《かんいはっちゃくじょう》)で、二人《ふたり》の一流《いちりゅう》プレーヤーがボールを高《たか》く打ち上《あ》げながら、息《いき》の止《と》まるような**テニスの試合《しあい》**を繰《く》り広《ひろ》げているところだ。スイスのロジャー・フェデラーがアメリカのアンドレ・アガシと対戦《たいせん》したこの友好試《ゆうこうし》合《あい》は、2005年《ねん》に**世界一高《せかいいちたか》いテニスコート**で行《おこな》われた。

フェデラーとアガシは、
この空《そら》に近《ちか》いコートを試《ため》してみた時《とき》、ドバイ・テニス選手権《せんしゅけん》に向《む》けて調整中《ちょうせいちゅう》だった。

**現在《げんざい》では
ブルジュ・アル・
アラブのヘリパッドで
結婚式《けっこんしき》も挙《あ》げられる。
ただし目玉《めだま》の飛《と》び出《で》る
ような価格《かかく》だ。**

高地試合《こうちじあい》

2007年《ねん》、ＦＩＦＡ(国際《こくさい》サッカー連盟《れんめい》)は、高地《こうち》における国際試合《こくさいじあい》を禁止《きんし》した。標高《ひょうこう》2,500mを超《こ》える高地《こうち》でプレーすると健康《けんこう》を損《そこ》なうから、という理由《りゆう》だ。空気《くうき》が薄《うす》くなると、そのような環境《かんきょう》に慣《な》れている選手《せんしゅ》が得《とく》をする。この写真《しゃしん》のフィールドはスイスの標高《ひょうこう》2,000mのところにある。

人工島《じんこうとう》に建《た》てられた「ブルジュ・アル・アラブ」は、321mの高《たか》さを誇《ほこ》る最高級《さいこうきゅう》ホテルの一《ひと》つだ。高《たか》さ211mにあるヘリパッドから見渡《みわた》すドバイの眺《なが》めは、どちらの選手《せんしゅ》にとってもアドバンテージになった。スマッシュしたボールが縁《ふち》を超《こ》えて海《うみ》に落《お》ちたものの、球拾《たまひろ》いを申《もう》し出《で》る人《ひと》はいなかった。

はやわかりリファレンス

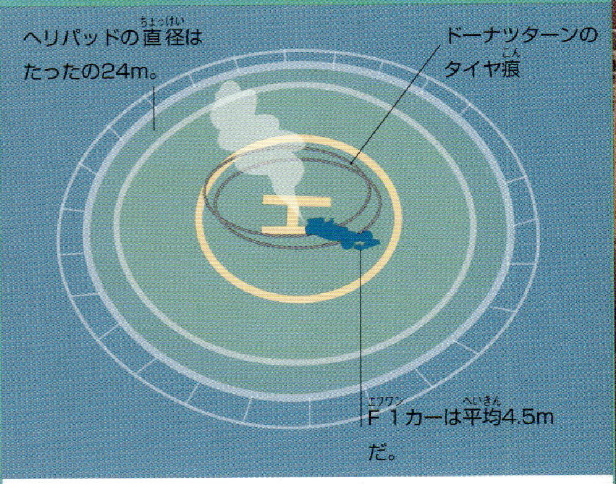
ヘリパッドの直径《ちょっけい》は
たったの24m。
ドーナツターンの
タイヤ痕《こん》
Ｆ１《エフワン》カーは平均《へいきん》4.5m
だ。

ブルジュ・アル・アラブのヘリパッドでは他《ほか》のスポーツの華麗《かれい》な技《わざ》も披露《ひろう》されている。Ｆ１《エフワン》ドライバーのデビッド・クルサードは、2013年《ねん》にレーシングカーでドーナツターンを行《おこな》った。この狭《せま》いスペースでは至難《しなん》の技《わざ》だ。また、ゴルファーのローリー・マキロイとタイガー・ウッズは、ここからティーショットを打《う》った。

手《て》編《あ》みのバスケット・ビル

大男《おおおとこ》が食《た》べ物《もの》を入れてピクニックに持《も》っていきそうなカゴだが、これは会《かい》社《しゃ》が入《はい》った**バスケット形《がた》のビル**だ。1997年《ねん》に完成《かんせい》し、賞《しょう》を獲得《かくとく》した**名物《めいぶつ》ビル**は、アメリカのオハイオ州《しゅう》にある。バスケット作《づく》りで大会社《だいがいしゃ》を築《きず》いたデイブ・ロンガバーガーのアイデアで建《た》てられた。

ビルの大《おお》きさは
立《た》ち上《あ》がり部分《ぶぶん》が
58m×38m、
屋根部分《やねぶぶん》が
63m×43mだ。

究極《きゅうきょく》の広告《こうこく》

アメリカには中《なか》で売《う》られている商品《しょうひん》を模《も》したデザインの建物《たてもの》がたくさんある。ツイスティー・トリートのアイスクリーム・スタンドはソフトクリーム、カンザス市立図書館《しりつとしょかん》の駐車場《ちゅうしゃじょう》[写真《しゃしん》]は本棚《ほんだな》、ノースカロライナ州《しゅう》のファーニチャーランドはタンスの形《かたち》だ。

ザ・ロンガバーガー・カンパニーの創立者《そうりつしゃ》、デイブ・ロンガバーガーは、世界最大《せかいさいだい》のバスケットの中《なか》にオフィスを作《つく》るというアイデアを思《おも》いついた。このビルは、ロンガバーガーが製造販売《せいぞうはんばい》する、メープル(カエデ)材《ざい》で作《つく》られた手編《てあ》みのバスケットの超特大版《ちょうとくだいばん》だ。オハイオ州《しゅう》のニューアークにある、7階建《かいだ》ての建物《たてもの》の内部《ないぶ》は、大理石《だいりいし》の床《ゆか》や、チェリー材《ざい》の内装《ないそう》、ゆるやかにカーブした階段《かいだん》など、ぜいたくに仕上《しあ》げられている。

はやわかりリファレンス

バスケット・ビルの重《おも》さは8,000トン以上《いじょう》で、シロナガスクジラ60頭分《とうぶん》に匹敵《ひってき》する。

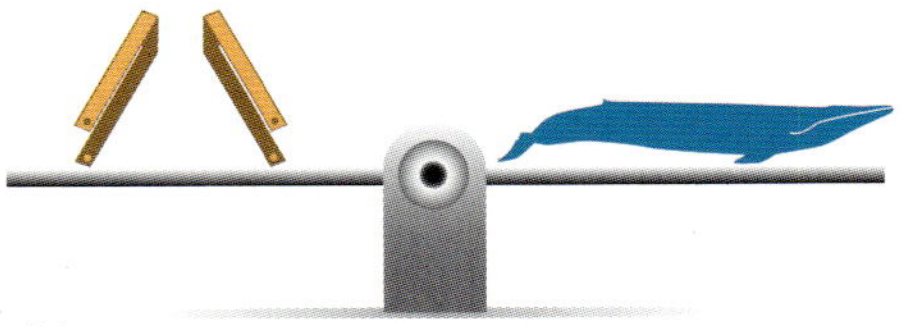

2本《ほん》のハンドルだけで136トンあり、シロナガスクジラ1頭分《とうぶん》だ。冬《ふゆ》は凍《こお》らないよう暖房装置《だんぼうそうち》で暖《あたた》められる(凍《こお》るともっと重《おも》くなるからだ)。

手編《てあ》みのバスケットそっくりになるように、しっくい(壁《かべ》の上塗《うわぬ》りに使《つか》われる材料《ざいりょう》)でビルのスチール製《せい》フレームをおおっている。

ビルの4面《めん》に合計《ごうけい》84カ所《かしょ》の窓《まど》がある。夜《よる》にはビル全体《ぜんたい》がライトアップされるよう、明《あ》かりを灯《とも》したままにする。

このビルにはロンガバーガー・バスケットの実物《じつぶつ》が400万個以上《まんこいじょう》入《はい》る。

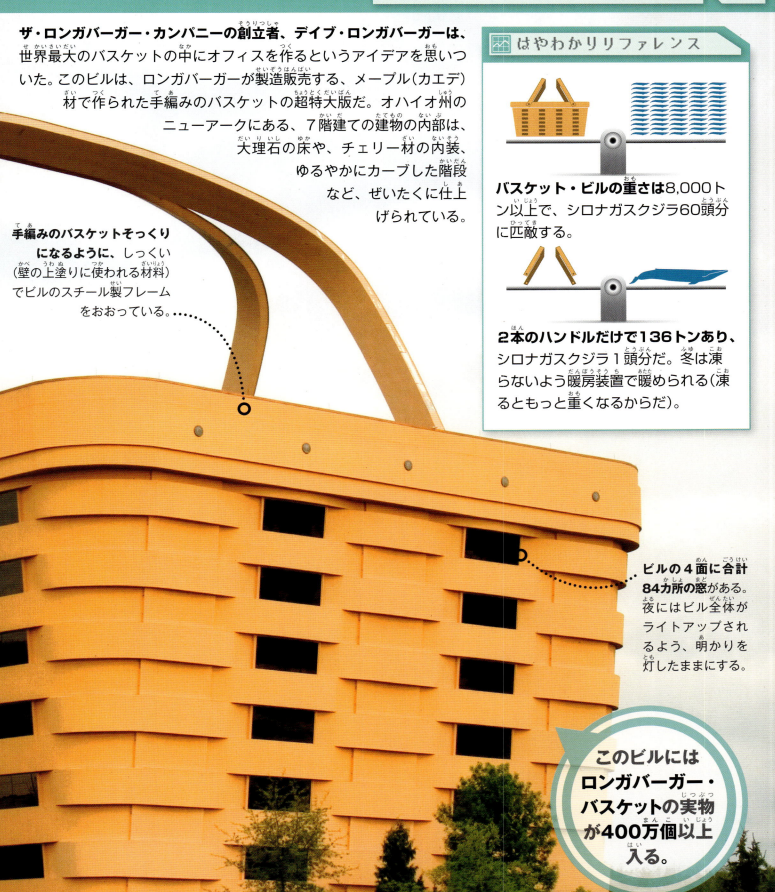

はやわかりリファレンス

ユダヤ教《きょう》　イスラム教《きょう》　ヒンズー教《きょう》　神道《しんとう》

特定《とくてい》の色《いろ》を好《この》むのはユダヤ教《きょう》だけではない。イスラム教《きょう》では神聖《しんせい》とされる緑《みどり》色《いろ》を基調《きちょう》とすることが多《おお》いし、ヒンズー教《きょう》ではサフラン色《いろ》(オレンジがかった黄色《きいろ》)が純潔《じゅんけつ》を象徴《しょうちょう》すると言《い》われる。日本《にほん》の神社《じんじゃ》でよく使《つか》われている朱色《しゅいろ》は、清《きよ》めと魔除《まよ》けの意味《いみ》を持《も》つという。

街《まち》の建物《たてもの》はスペインと北《きた》アフリカのスタイルが融《と》け合《あ》っている。

デコボコした幅広《はばひろ》い階段《かいだん》や花《はな》で飾《かざ》られた路地《ろじ》は、モロッコらしい風景《ふうけい》だ。

青《あお》い壁《かべ》は、夏《なつ》の街《まち》を涼《すず》しくし、虫《むし》よけになると考《かんが》えられている。

もともと15世紀《せいき》に要塞《ようさい》として建設《けんせつ》されたシェフシャウエンが青《あお》く染《そ》められたのは1930年代《ねんだい》のこと。街《まち》に住《す》んでいたユダヤ人《じん》のおかげだ。ユダヤ教《きょう》では、青《あお》は神《かみ》や天国《てんごく》や空《そら》を象徴《しょうちょう》する神聖《しんせい》な色《いろ》である。ユダヤ教《きょう》の古《ふる》い教《おし》えによると、テクヘレル（天然《てんねん》の藍《あい》色染料《いろせんりょう》）で糸《いと》を染《そ》めると一時《いっとき》も神《かみ》を忘《わす》れないと言《い》われていて、青《あお》い建物《たてもの》はその慣習《かんしゅう》の名残《なごり》なのだ。

ブルーな街並《まちな》み

青《あお》い真珠《しんじゅ》と呼《よ》ばれている通《とお》り、モロッコのシェフシャウエンは本当《ほんとう》に青《あお》い街《まち》だ。街《まち》を取《と》り囲《かこ》む**リフ山脈《さんみゃく》**の乾《かわ》いた色《いろ》とは対照的《たいしょうてき》に、メディナ（旧市街《きゅうしがい》）はさまざまな色調《しきちょう》の**青《あお》に塗《ぬ》られている**。この**青《あお》い色合《いろあ》い**には宗教的《しゅうきょうてき》な意《い》味《み》が隠《かく》されている。

ベネチア原色図鑑《げんしょくずかん》

ブラーノ島《とう》は水《みず》の都《みやこ》ベネチアにある色《いろ》とりどりの島《しま》だ。思《おも》いっきりカラフルな街並《まちな》みには同《おな》じ家《いえ》が二《ふた》つとない。昔《むかし》、漁師《りょうし》が漁《りょう》をしている時《とき》に自分《じぶん》の家《いえ》をすぐに見分《みわ》けられるよう、家《いえ》の壁《かべ》を塗《ぬ》ったことがこの街《まち》の伝統《でんとう》になった。

奇怪《きかい》な植物《しょくぶつ》たち

竜血樹《りゅうけつじゅ》はなぜ血《ち》を流《なが》し、砲丸《ほうがん》の木《き》はなぜ果実《かじつ》を放《はな》つのだろう？　地球《ちきゅう》という果てしなく広《ひろ》がる植物園《しょくぶつえん》を散歩《さんぽ》して、その秘《ひ》密《みつ》を探《さぐ》ってみよう。一番大《いちばんおお》きく育《そだ》つもの、一番大《いちばんおお》きな花《はな》をつけるもの、化《ば》け物《もの》みたいな花《はな》、一番臭《いちばんくさ》い植物《しょくぶつ》など、いろいろな植物《しょくぶつ》たちとの出会《であ》いが待《ま》ち受《う》けている。

レインボーユーカリは、ときどき樹皮《じゅひ》の一部《いちぶ》がはがれ、現《あらわ》れた内側《うちがわ》の色《いろ》が時間《じかん》とともに変化《へんか》するため、虹色《にじいろ》に輝《かがや》いている。この木《き》は成長《せいちょう》の勢《いきお》いがすさまじく、毎年大《まいとしおお》きさが２倍《ばい》にもなり、60mという目《め》もくらむような高《たか》さに達《たっ》する。

はかない花《はな》

特大《とくだい》サイズの**ショクダイオオコンニャク**は、広《ひろ》い園芸界《えんげいかい》の中《なか》でも、**抜群《ばつぐん》のインパクト**がある。この巨大《きょだい》な植物《しょくぶつ》は、**開《かい》花《か》するまでに何年《なんねん》も**かかる上《うえ》、開花時期《かいかじき》を予測《よそく》するのが難《むずか》しい。**はかなくも迫力満点《はくりょくまんてん》の花《はな》**を植物学者《しょくぶつがくしゃ》は息《いき》を殺《ころ》して待《ま》ち続《つづ》ける。

この珍《めずら》しい植物《しょくぶつ》はスマトラ島《とう》の熱帯雨林《ねったいうりん》に自生《じせい》するが、ド迫力《はくりょく》のサイズのために、植物園《しょくぶつえん》で人気《にんき》を集《あつ》めている。巨大《きょだい》な一《ひと》つの花《はな》に見《み》えるが、肉厚《にくあつ》の軸《じく》の周《まわ》りに小《ちい》さな雄花《おばな》と雌花《めばな》が密生《みっせい》した花《はな》の集《あつ》まり(肉穂花序《にくすいかじょ》)があり、先端部分《せんたんぶぶん》は花序付属体《かじょふぞくたい》と呼《よ》ばれる。花序《かじょ》を包《つつ》む赤紫色《あかむらさきいろ》の花《はな》びらのような部分《ぶぶん》は、葉《は》が変形《へんけい》した仏炎苞《ぶつえんほう》だ。この花《はな》は数年《すうねん》に一度《いちど》しか開花《かいか》せず、開花期間《かいかきかん》のわずか数日《すうじつ》のうちに、腐《くさ》った肉《にく》のような悪臭《あくしゅう》を発生《はっせい》する。花《はな》が枯《か》れると、小《ちい》さな木《き》のようにしか見《み》えない大《おお》きな葉《は》を一枚《いちまい》だけ出《だ》す。この葉《は》が作《つく》り出《だ》した養分《ようぶん》が蓄《たくわ》えられて、いつか再《ふたた》び花《はな》を咲《さ》かせることができるのだ。

肉厚《にくあつ》の花序付属体《かじょふぞくたい》は、花《はな》が咲《さ》く時《とき》に温度《おんど》が上《あ》がり、湯気《ゆげ》とともに強《きょう》烈《れつ》な匂《にお》いを発生《はっせい》させて花粉《かふん》の運《はこ》び役《やく》の昆虫《こんちゅう》たちを引《ひ》き寄《よ》せる。

花序《かじょ》を包《つつ》む仏炎苞《ぶつえんほう》が外側《そとがわ》に広《ひろ》がって、軸《じく》の根元《ねもと》を取《と》り囲《かこ》んでいる雄花《おばな》と雌花《めばな》の集《あつ》まりがよく見《み》えるようになる。

球茎《きゅうけい》から
突《つ》き出《だ》した
「花《はな》」は、一日《いちにち》
10cmも背《せ》を
伸《の》ばす。

「花《はな》」の根元《ねもと》にある
巨大《きょだい》な球茎《きゅうけい》(地下《ちか》の茎《くき》)は、重《おも》さが70kgを超《こ》えるものもある。

はやわかりリファレンス

ショクダイオオコンニャクの巨大《きょだい》な「花《はな》」は一《ひと》つの花《はな》ではなく、数百《すうひゃく》の花《はな》をつける花序《かじょ》と呼《よ》ばれる構造《こうぞう》だ。

センチュリープラント(世紀《せいき》の植物《しょくぶつ》)というリュウゼツランの仲間《なかま》は、ショクダイオオコンニャクよりも高《たか》く花序《かじょ》を伸《の》ばし、20～30年《ねん》に一度《いちど》花《はな》を咲《さ》かせる。

コウリバヤシ(行李葉《こうりば》ヤシ)は植物《しょくぶつ》の中《なか》で最大《さいだい》の花序《かじょ》を持《も》つ。高《たか》さ25mの幹《みき》の先端《せんたん》に高《たか》さ８mの花序《かじょ》をつける。

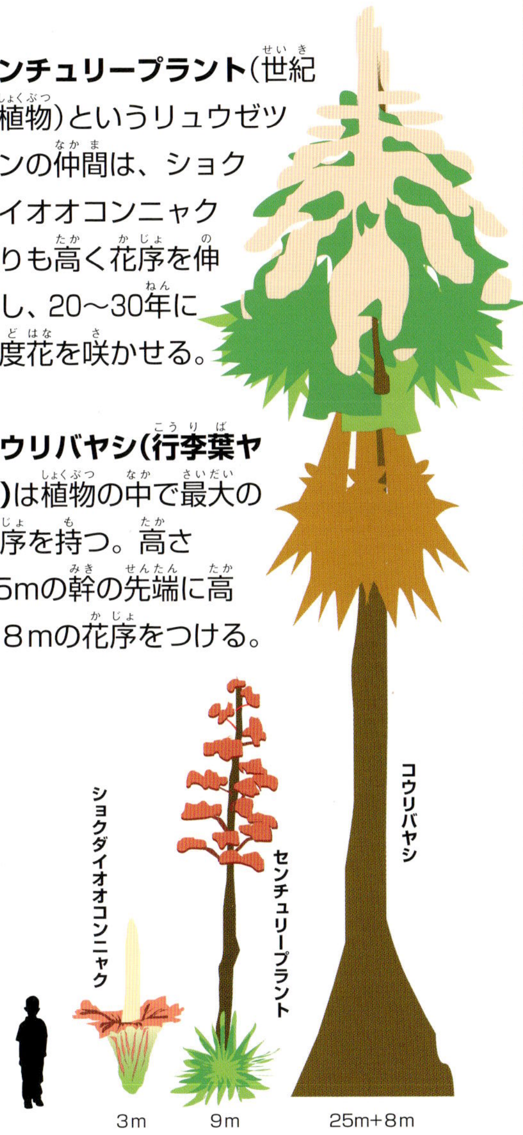
ショクダイオオコンニャク
センチュリープラント
コウリバヤシ
3m
9m
25m+8m

楽園《らくえん》の毒《どく》

ショクダイオオコンニャクの悪臭《あくしゅう》は無害《むがい》だが、セイヨウオニシバリ[学名《がくめい》 *Daphne mezereum*(ダフネ・メゼレウム)]は、その逆《ぎゃく》だ。「楽園《らくえん》の植物《しょくぶつ》」というニックネームを持《も》つこの植物《しょくぶつ》はかぐわしい花《はな》をつけるが、実《じつ》は恐《おそ》ろしい猛毒《もうどく》なのだ。どの部分《ぶぶん》であれ、飲《の》み込《こ》むとたちまち具合《ぐあい》が悪《わる》くなり、死《し》に至《いた》ることさえある。

誘惑《ゆうわく》の唇《くちびる》

口《くち》をすぼめ今《いま》にも**ぶちゅっとキス**してくれそうだが、この植物《しょくぶつ》が本当《ほんとう》に愛《あい》しているのは**ハチドリ**と**チョウ**たちだ。真《ま》っ赤《か》な唇《くちびる》のように見《み》える部分《ぶぶん》は実《じつ》は葉《は》で、花粉《かふん》の運《はこ》び役《やく》を**甘《あま》い蜜《みつ》**に引《ひ》き寄《よ》せるための**特別《とくべつ》なデザイン**なのだ。

この隙間《すきま》の奥《おく》に小《ちい》さな白《しろ》い花《はな》をつける。チョウやハチドリが花《はな》にとまって蜜《みつ》を吸《す》い、花《はな》から花《はな》へ花粉《かふん》を運《はこ》んでくれなければ、この植物《しょくぶつ》は子孫《しそん》を増《ふ》やすことができない。

噛《か》みつき竜《りゅう》の頭蓋骨《ずがいこつ》

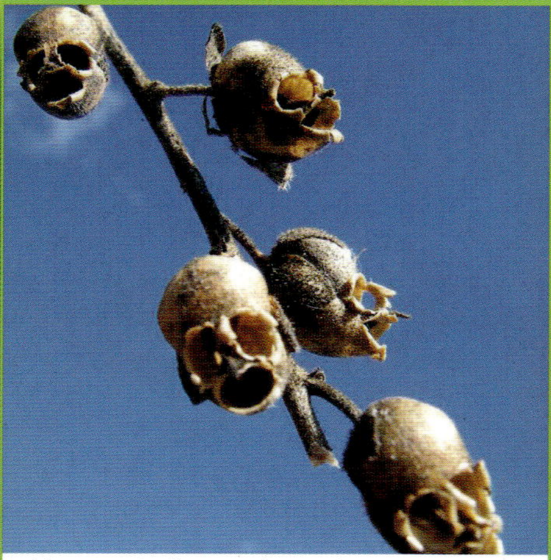

明《あか》るい日差《ひざ》しの中《なか》で咲《さ》いているスナップドラゴン(金魚草《きんぎょそう》の仲間《なかま》で、英語《えいご》で「噛《か》みつき竜《りゅう》」という意味《いみ》)はカラフルで美《うつく》しいが、種《たね》の鞘《さや》が乾《かわ》くと一転《いってん》して不吉《ふきつ》な雰囲気《ふんいき》に変《か》わり、小《ちい》さな頭蓋骨《ずがいこつ》そっくりになる。

中米《ちゅうべい》では、この色《いろ》っぽい植物《しょくぶつ》を愛《あい》の印《しるし》として贈《おく》り物《もの》にする。

この植物《しょくぶつ》の「唇《くちびる》」は
上《うえ》から下《した》までが
5cmほどだ。

はやわかりリファレンス

何《なに》か別《べつ》のものに似《に》せているのは、誘惑《ゆうわく》の唇《くちびる》だけではない。バード・オブ・パラダイス(極楽鳥花《ごくらくちょうか》)は、カラフルな羽根《はね》を持《も》ち、同《おな》じ名前《なまえ》の鳥《とり》を完《かん》ぺきに真似《まね》ている。ケマンソウは鮮《あざ》やかなピンク色《いろ》をしたハート形《がた》の花《はな》をつけるし、「炎《ほのお》のユリ」と呼《よ》ばれるグロリオサの花《はな》は、黄色《きいろ》からオレンジ、赤《あか》へと変化《へんか》する、燃《も》えさかる火《ひ》のようだ。

先端《せんたん》が真《ま》っ赤《か》で根元《ねもと》が黄色《きいろ》の花《はな》びらは、まさに炎《ほのお》のようだ。

炎《ほのお》のユリ(グロリオサ)

外側《そとがわ》のピンクの花《はな》びらはハート形《がた》だ。

ケマンソウ

先《さき》の尖《とが》った苞《ほう》がくちばしのように見《み》える。
ツンツン尖《とが》った花《はな》は鳥《とり》のとさかのようだ。

バード・オブ・パラダイス

この誘惑《ゆうわく》の唇《くちびる》を持《も》つ植物《しょくぶつ》は、学名《がくめい》を*Psychotria elata*(サイコトリア・エラータ)といい、コスタリカ、パナマ、コロンビアの熱帯雨林《ねったいうりん》で花《はな》を咲《さ》かせる。チョウやハチドリの目《め》は赤《あか》い色《いろ》にとてもよく反応《はんのう》するため、苞葉《ほうよう》と呼《よ》ばれるツヤのある赤《あか》い葉《は》は、花粉《かふん》の運《はこ》び役《やく》の目《め》を引《ひ》くのにもってこいの色《いろ》なのだ。

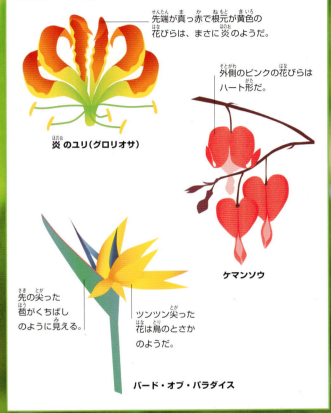

変装《へんそう》する花《はな》たち

思《おも》わず目《め》をこすって**見直《みなお》してしまう**花《はな》がある。
本当《ほんとう》の正体《しょうたい》は花《はな》なのに、**全《まった》く違《ちが》うもの**にそっくりなのだ。

猿芝居《さるしばい》
学名《がくめい》*Dracula simia*（ドラクラ・シミア）はドラキュラ猿《ざる》という意味《いみ》で、猿顔蘭《さるがおらん》とも呼《よ》ばれる。花《はな》は小《ちい》さな猿《さる》の顔《かお》そっくりだ。エクアドル、コロンビア、ペルーの山間部《さんかんぶ》などに自生《じせい》するが、とてもユニークな花《はな》なのでランの専門家《せんもんか》が人《じん》工的《こうてき》な環境《かんきょう》でも栽培《さいばい》している。

赤《あか》ん坊《ぼう》のゆりかご

学名《がくめい》 *Anguloa uniflora*（アングロア・ユニフローラ）はペルーとチリを原産《げんさん》とする丈《たけ》の低《ひく》いランで、おくるみに包《つつ》まれた赤《あか》ん坊《ぼう》そっくりの花《はな》をつける。香《かお》りのよいクリーム色《いろ》の花《はな》は夏《なつ》に開花《かいか》する。

ミツバチが咲《さ》く花《はな》

下《した》の写真《しゃしん》は一見《いっけん》、ミツバチが花《はな》の蜜《みつ》を集《あつ》めているように見《み》える。目《め》を凝《こ》らしてもう一度《いちど》見《み》てみよう。地中海《ちちゅうかい》と中近東《ちゅうきんとう》に自生《じせい》するミツバチランの仲間《なかま》は、ハチと瓜二《うりふた》つに擬態《ぎたい》しているのだ。

オウムの花《はな》びら

ミャンマー、タイ、インドを原産《げんさん》とする珍種《ちんしゅ》 *Impatiens psittacina*（インパチェンス・プシタシナ）。かわいいパステルカラーの花《はな》びらが、オウムが飛《と》んでいるところにそっくりなので、「オウムの花《はな》」としてよく知《し》られている。

植物界《しょくぶつかい》の殺《ころ》し屋《や》たち

地球上《ちきゅうじょう》には少《すく》なくとも500種《しゅ》の**食虫植物**《しょくちゅうしょくぶつ》が存在《そんざい》するが、最《もっと》も有名《ゆうめい》なのが**ハエトリグサ**だ。この死《し》の顎《あご》は、**か弱《よわ》い昆虫**《こんちゅう》をえじきにし、**パチンと閉**《と》**じたら**もう逃《に》げ道《みち》はない。

心《こころ》ないコレクターが掘《ほ》り出《だ》すために、野生《やせい》のハエトリグサは危機《きき》に瀕《ひん》している。

何《なに》も知《し》らないコオロギが、
ハエトリグサの
開《ひら》いた葉《は》から分泌《ぶんぴつ》される
甘《あま》い蜜《みつ》に近《ちか》づく。

はやわかりリファレンス

ハエトリグサが備《そな》えている、電光石火《でんこうせっか》の反射《はんしゃ》の仕組《しく》みはよくわかっていないが、電気信号《でんきしんごう》によるものではないかと考《かんが》えられる。感覚毛《かんかくもう》に触《ふ》れると、その刺激《しげき》が信号《しんごう》として伝《つた》えられ、葉《は》の細胞《さいぼう》の間《あいだ》を流《なが》れる水《みず》の速度《そくど》が速《はや》くなる。すると葉《は》の外側《そとがわ》の細胞《さいぼう》が膨《ふく》らみ、わながパチンと閉《と》じるのだ。

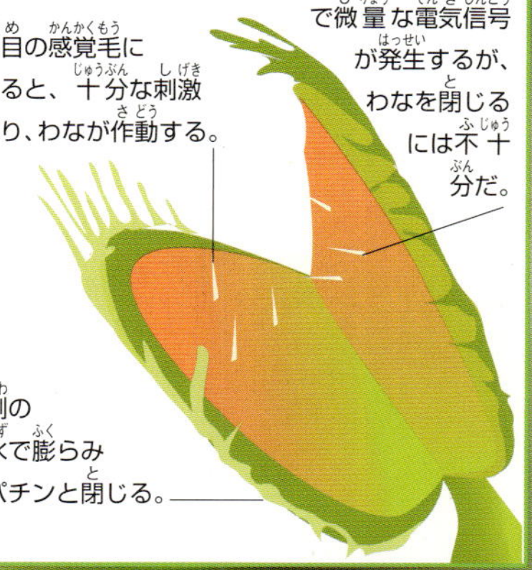
感覚毛《かんかくもう》の１本《ほん》を軽《かる》くかすめると、その刺激《しげき》で微量《びりょう》な電気信号《でんきしんごう》が発生《はっせい》するが、わなを閉《と》じるには不十《ふじゅう》分《ぶん》だ。
２本目《ほんめ》の感覚毛《かんかくもう》に触《ふ》れると、十分《じゅうぶん》な刺激《しげき》となり、わなが作動《さどう》する。
葉《は》の外側《そとがわ》の細胞《さいぼう》が水《みず》で膨《ふく》らみわながパチンと閉《と》じる。

この捕食性《ほしょくせい》の植物《しょくぶつ》は、学名《がくめい》を *Dionaea muscipula*（ディオナエア・マスシプラ）といい、アメリカ東海岸《ひがしかいがん》の湿地帯《しっちたい》に自生《じせい》する。食虫植物《しょくちゅうしょくぶつ》とは、獲物《えもの》をおびき寄《よ》せ、わなで捕《と》らえ、殺《ころ》し、消化《しょうか》する植物《しょくぶつ》で、ハエトリグサがこのすべての動作《どうさ》を素早《すばや》く次々《つぎつぎ》とこなせるのは、触《ふ》れると反応《はんのう》する特別《とくべつ》な葉《は》のおかげなのだ。葉《は》の表面《ひょうめん》の感覚毛《かんかくもう》は獲物《えもの》を感知《かんち》するが、雨《あめ》のしずくなどの偽《にせ》の警報《けいほう》には反応《はんのう》しない。

コオロギが葉《は》の表面《ひょうめん》の感覚毛《かんかくもう》に触《ふ》れると、タッチセンサー式《しき》のメカニズムが一瞬《いっしゅん》で反応《はんのう》する。

パチン！ １秒《びょう》とかからないうちに葉《は》がしっかり閉《と》じる。葉《は》の分泌腺《ぶんぴつせん》は消化液《しょうかえき》を放出《ほうしゅつ》してコオロギの柔《やわ》らかい組織《そしき》を分解《ぶんかい》した後《あと》、栄養《えいよう》たっぷりの虫《むし》のスープを吸収《きゅうしゅう》する。

最強《さいきょう》のネズミ捕《と》り

世界最大級《せかいさいだいきゅう》の食虫植物《しょくちゅうしょくぶつ》は、フィリピンになどに自生《じせい》する ウツボカズラ属の *Nepenthes attenboroughii*（ネペンテス・アッテンボロギ）だ。高《たか》さは1.5mにも達《たっ》し、葉《は》が変形《へんけい》した大《おお》きな捕虫器《ほちゅうき》は、ネズミも捕《と》らえて消化《しょうか》できる。

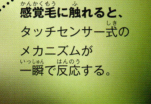

木《き》の芸術《げいじゅつ》

植物《しょくぶつ》を生《い》きた芸術《げいじゅつ》に変《か》えるのがツリーシェイピングだ。曲《ま》げたり、編《あ》んだり、ねじったりして写真《しゃしん》のような彫刻《ちょうこく》が作《つく》られる。２本《ほん》の樹木《じゅもく》や、１本《ほん》の樹木《じゅもく》の二《ふた》つの部分《ぶぶん》が接触《せっしょく》すると、細胞組織《さいぼうそしき》がつながって一《いっ》緒《しょ》になる性質《せいしつ》があり、ツリーシェイピングはこの癒《ゆ》着《ちゃく》という性質《せいしつ》を利用《りよう》している。

生《い》きている橋《はし》

インド北東部《ほくとうぶ》の森《もり》で川《かわ》を渡《わた》るために使《つか》われている橋《はし》は、人々《ひとびと》が**インドゴムノキ**と力《ちから》を合《あ》わせ長《なが》い年月《ねんげつ》をかけて作《つく》り上《あ》げたものだ。絡《から》み合《あ》う根《ね》やつるを利用《りよう》した生《い》きている木《き》の橋《はし》は、**驚異的《きょういてき》な自然《しぜん》の力《ちから》**と土木《どぼく》の技《わざ》が融《と》け合《あ》った傑作《けっさく》だ。

バニヤンの一種《いっしゅ》インドゴムノキ[学名《がくめい》 *Ficus elastica*（フィカス・エラスティカ）]の根《ね》が網《あみ》のように絡《から》み合《あ》って頑丈《がんじょう》な土台《どだい》を作《つく》る。

チェラプンジの生《い》きている木《き》の橋《はし》の中《なか》には推定《すいてい》500年《ねん》以上《いじょう》のものがある。

チェラプンジは非常《ひじょう》に降水量《こうすいりょう》が多《おお》く、普通《ふつう》の木製《もくせい》の橋《はし》では腐《くさ》って壊《こわ》れてしまうが、生《い》きた橋《はし》ならそんな心配《しんぱい》はない。地元《じもと》のカシ族《ぞく》の人々《ひとびと》は、太《ふと》くて強《つよ》い根《ね》を川《かわ》や窪地《くぼち》の対岸《たいがん》に誘導《ゆうどう》して、年月《ねんげつ》が経《た》つにつれ強《つよ》くなる一方《いっぽう》の橋《はし》を育《そだ》てた。ただし、こういう橋《はし》を育《そだ》てるには10～15年《ねん》もかかるので、粘《ねば》り強《づよ》さと計画性《けいかくせい》が肝心《かんじん》だ。

はやわかりリファレンス

橋《はし》の長《なが》さは大《おお》きなものでは30mもあり、同《どう》時《じ》に50人以上乗《にんいじょうの》っても耐《た》えられる。空洞《くうどう》になった木《き》の幹《みき》を利用《りよう》して、新《あたら》しい根《ね》が中《なか》を通《とお》るように誘導《ゆうどう》するとともに、橋《はし》の強度《きょうど》を確保《かくほ》している。

血《ち》を流《なが》す木《き》

空《そら》も飛《と》べないし火《ひ》も吹《ふ》けない竜《りゅう》でも、**竜血樹《りゅうけつじゅ》**には、自慢《じまん》できるすごいことがある。**樹皮《じゅひ》が血《ち》を流《なが》し**、その血《ち》は大昔《おおむかし》から魔術《まじゅつ》や**薬《くすり》**に使《つか》われてきたのだ。

竜血樹《りゅうけつじゅ》[学名《がくめい》 *Dracaena cinnabari*(ドラセナ・シナバリ)]はとても変《か》わった姿《すがた》をしている。骨《ほね》ばった白《しろ》い指《ゆび》のような無数《むすう》の枝《えだ》の上《うえ》に、常緑《じょうりょく》の丸《まる》い樹冠《じゅかん》が乗《の》っかっている。幹《みき》の割《わ》れ目《め》や切《き》り口《くち》からは血《ち》のように赤《あか》い樹液《じゅえき》を流《なが》す。人々《ひとびと》は前《まえ》に使《つか》った割《わ》れ目《め》を開《ひら》いて流《なが》れ出《で》る樹液《じゅえき》を収穫《しゅうかく》し、さまざまな用途《ようと》に使用《しよう》する。

言《い》い伝《つた》えによると「竜《りゅう》の血《ち》」はいいほれ薬《ぐすり》になるそうだ。

この植物《しょくぶつ》は、イエメン沖《おき》のインド洋《よう》に浮《う》かぶソコトラ島《とう》の固有種《こゆうしゅ》で、成長《せいちょう》が非常《ひじょう》に遅《おそ》い。

新鮮《しんせん》な血《ち》

竜血樹《りゅうけつじゅ》の真《ま》っ赤《か》な樹液《じゅえき》は、染料《せんりょう》やニス、接着剤《せっちゃくざい》、香《こう》などの有効成分《ゆうこうせいぶん》になる。また、樹脂《じゅし》には赤《あか》みや腫《は》れを和《やわ》らげる効果《こうか》があるので、切《き》り傷《きず》、虫《むし》さされ、やけど、筋肉痛《きんにくつう》の治療《ちりょう》にも活躍《かつやく》してきた。

竜血樹《りゅうけつじゅ》は
高《たか》さ10mにもなる。

はやわかりリファレンス

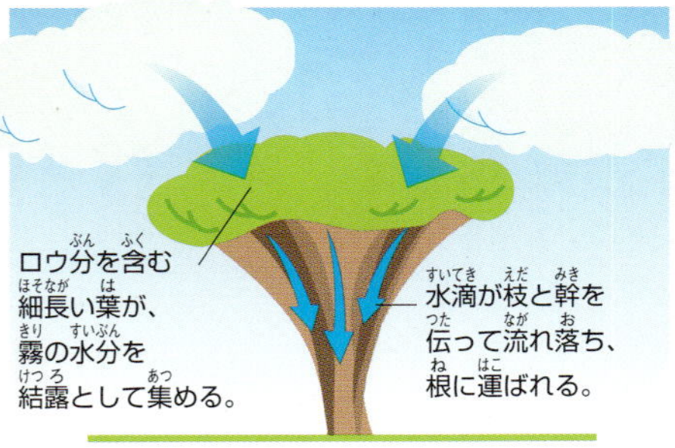
ロウ分《ぶん》を含《ふく》む
細長《ほそなが》い葉《は》が、
霧《きり》の水分《すいぶん》を
結露《けつろ》として集《あつ》める。
水滴《すいてき》が枝《えだ》と幹《みき》を
伝《つた》って流《なが》れ落《お》ち、
根《ね》に運《はこ》ばれる。

竜血樹《りゅうけつじゅ》は傘《かさ》のような形《かたち》をしているが、これは水《みず》を避《さ》けるためではなく、集《あつ》めるためのデザインだ。ロウ分《ぶん》を含《ふく》む細長《ほそなが》い葉《は》が空気中《くうきちゅう》の水分《すいぶん》を集《あつ》め、集《あつ》められた水《みず》は枝《えだ》と幹《みき》を伝《つた》って根《ね》まで運《はこ》ばれる。ソコトラ島《とう》の暑《あつ》く乾燥《かんそう》した気候《きこう》で竜血樹《りゅうけつじゅ》が生《い》き残《のこ》ってこられたのは、この仕組《しく》みのおかげなのだ。

奇《き》々《き》怪《かい》々《かい》な樹《き》々《ぎ》

単《たん》なる**風景《ふうけい》の一部《いちぶ》**ではなく、**奇抜《きばつ》な美《うつく》しさ**で主役《しゅやく》になっている樹々《きぎ》を紹介《しょうかい》しよう。

生命《せいめい》の木《き》
古代《こだい》の不思議《ふしぎ》な木《き》バオバブは、アフリカ、オーストラリア、マダガスカルが原産《げんさん》で「生命《せいめい》の木《き》」と呼《よ》ばれている。太《ふと》い幹《みき》の中《なか》に膨大《ぼうだい》な量《りょう》の水《みず》を蓄《たくわ》えられるので、乾《かん》季《き》を生《い》き延《の》びることができるのだ。

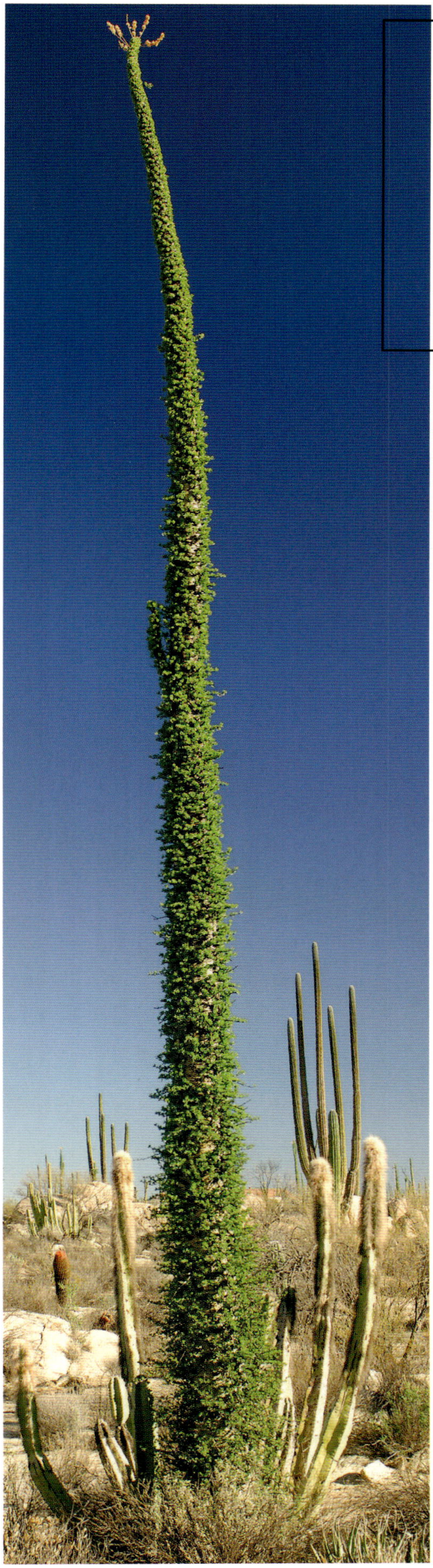

砂漠《さばく》の根《ね》

やせこけたトゲだらけのブージャムツリーは、アメリカのカリフォルニア州《しゅう》ソノラ砂漠《さばく》で、他《ほか》の植物《しょくぶつ》を圧倒《あっとう》する高《たか》さにそびえ立《た》つ。最高《さいこう》20mにまで成長《せいちょう》するこの植物《しょくぶつ》は、水《みず》なしで何年《なんねん》も生《い》きられるが、雨《あめ》が降《ふ》ると季節《きせつ》にかかわらず背《せ》を伸《の》ばす。

木《き》のトンネル

ドライブスルーの本場《ほんば》アメリカには、なんと木《き》のドライブスルーまである！　シャンデリア・ツリーと名《な》づけられたこの巨大《きょだい》なセコイア(アメリカスギ)は、カリフォルニア州《しゅう》レゲットにあり、太《ふと》い根元《ねもと》がくりぬかれてトンネルになっている。公園《こうえん》の入園料《にゅうえんりょう》を支払《しはら》えば、車《くるま》でトンネルをくぐることができる。

砲丸《ほうがん》を降《ふ》らせる木《き》

砲丸《ほうがん》の木《き》ほど守《まも》りが堅《かた》い木《き》はない。この**巨木《きょぼく》**は南米《なんべい》の森林《しんりん》に自生《じせい》し、**予告《よこく》なく攻撃《こうげき》**してくる。重《おも》い果実《かじつ》が**発射《はっしゃ》される**時期《じき》には射程距離《しゃていきょり》に入らないほうがいい。

砲丸《ほうがん》の木《き》はブラジルナッツノキの仲間《なかま》で、学名《がくめい》を*Couroupita guianensis*（コウロウピタ・ギアネンシス）という。ギアナ（南米大陸《なんべいたいりく》の北東部《ほくとうぶ》）やインドの熱帯雨林《ねったいうりん》に自生《じせい》し、甘《あま》い香《かお》りの花《はな》は香水《こうすい》や化粧品《けしょうひん》に使《つか》われる。さび付《つ》いた砲丸《ほうがん》のような重《おも》たい果実《かじつ》は、熟《じゅく》すと地面《じめん》に落《お》ち、大《おお》きな音《おん》を立《た》てて割《わ》れる。地元《じもと》の人《ひと》たちは殻《から》を利用《りよう》して入《い》れ物《もの》や調理用具《ちょうりようぐ》を作《つく》る。

薬《くすり》のなる木《き》

砲丸《ほうがん》の木《き》の樹皮《じゅひ》と葉《は》と果実《かじつ》は、何百年《なんびゃくねん》も昔《むかし》から薬《くすり》として用《もち》いられてきた。樹皮《じゅひ》は風邪《かぜ》を予防《よぼう》したり、殺菌作用《さっきんさよう》があると言《い》われ、葉《は》は各種《かくしゅ》の皮膚病《ひふびょう》を治療《ちりょう》する。臭《くさ》い果実《かじつ》は天然《てんねん》の消毒剤《しょうどくざい》として、開《ひら》いた傷口《きずぐち》を消毒《しょうどく》するために使《つか》われてきた。

砲丸《ほうがん》の木《き》は高《たか》さ35mほどにまで成長《せいちょう》し、果実《かじつ》の重《おも》さは1個《こ》約《やく》3kgもある。
丸《まる》い大《おお》きな実《み》の果肉《かにく》は食《た》べられるが、強烈《きょうれつ》な悪臭《あくしゅう》がある。

はやわかりリファレンス

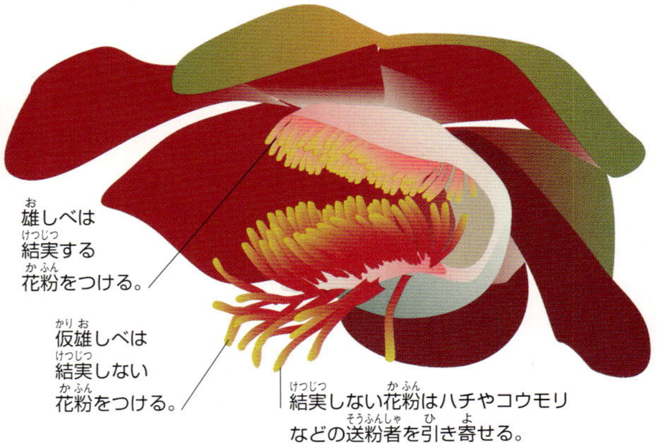
雄《お》しべは結実《けつじつ》する花粉《かふん》をつける。
仮雄《かりお》しべは結実《けつじつ》しない花粉《かふん》をつける。
結実《けつじつ》しない花粉《かふん》はハチやコウモリなどの送粉者《そうふんしゃ》を引《ひ》き寄《よ》せる。

ブラジルナッツノキの仲間《なかま》は、ユニークな構造《こうぞう》の花《はな》をつける。結実《けつじつ》する花粉《かふん》をつける雄《お》しべがリング状《じょう》に密生《みっせい》し、その部分《ぶぶん》をフードのようにおおう形《かたち》で、結実《けつじつ》しない花粉《かふん》をつける仮雄《かりお》しべの集《あつ》まりがある。大型《おおがた》のハチやコウモリなど、力《ちから》の強《つよ》い送粉者《そうふんしゃ》だけがフードを持《も》ち上《あ》げて結実《けつじつ》する花粉《かふん》を集《あつ》めることができる。その時《とき》に雄《お》しべに触《ふ》れるので、次《つぎ》に訪《おとず》れる花《はな》に結実《けつじつ》する花粉《かふん》が運《はこ》ばれる仕組《しく》みだ。

藻《も》の猛攻撃《もうこうげき》！

近《ちか》ごろ、中国《ちゅうごく》の黄海《こうかい》が緑色《みどりいろ》に染《そ》まった。原因《げんいん》は記録的《きろくてき》な藻《も》の大繁殖《だいはんしょく》だ。2007年《ねん》以来《いらい》、毎年夏《まいとしなつ》になると黄海《こうかい》に藻《も》があふれるが、特《とく》に2013年《ねん》の大発生《だいはっせい》では過去最大《かこさいだい》の28,900平方《へいほう》kmが藻《も》でおおい尽《つ》くされた。

学名《がくめい》を *Enteromorpha prolifera*（エンテロモルファ・プロリフェラ）というこの藻《も》はアオサの仲間《なかま》で無害《むがい》なので、みんな平気《へいき》で水《みず》に飛《と》び込《こ》んでいる。

この種類《しゅるい》の藻《も》を食《た》べると、肌《はだ》がきれいになり、低血圧《ていけつあつ》にも効果《こうか》があるという。

はやわかりリファレンス

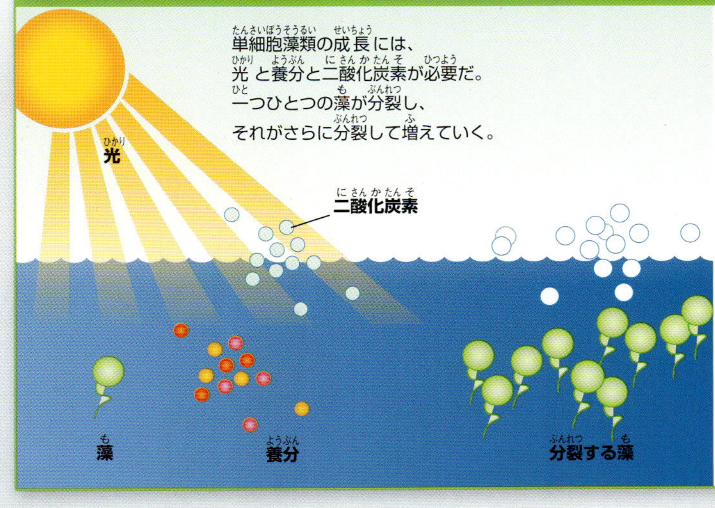
単細胞藻類《たんさいぼうそうるい》の成長《せいちょう》には、
光《ひかり》と養分《ようぶん》と二酸化炭素《にさんかたんそ》が必要《ひつよう》だ。
一《ひと》つひとつの藻《も》が分裂《ぶんれつ》し、
それがさらに分裂《ぶんれつ》して増《ふ》えていく。
光《ひかり》
二酸化炭素《にさんかたんそ》
藻《も》
養分《ようぶん》
分裂《ぶんれつ》する藻《も》

水中《すいちゅう》に生育《せいいく》する植物《しょくぶつ》である藻類《そうるい》が急速《きゅうそく》に繁殖《はんしょく》して大集団《だいしゅうだん》を形成《けいせい》し、周辺水域《しゅうへんすいいき》の生態系《せいたいけい》を壊《こわ》す現象《げんしょう》を「水《みず》の華《はな》」という。条件《じょうけん》が整《ととの》えば、藻《も》の数《かず》は数時間《すうじかん》で倍増《ばいぞう》する。

中国東部《ちゅうごくとうぶ》の山東省青島《さんとうしょうチンタオ》のビーチで、海水浴客《かいすいよくきゃく》は楽《たの》しそうにはしゃいでいるが、海《うみ》の中《なか》では、水面《すいめん》を厚《あつ》くおおう藻《も》に日光《にっこう》と酸素《さんそ》がさえぎられ、生《い》き物《もの》が窒息《ちっそく》してしまう。海《うみ》を緑色《みどりいろ》のカーペットに変《か》えるほど藻《も》が大発生《だいはっせい》する理由《りゆう》は科学者《かがくしゃ》にもわからないが、生態系《せいたいけい》のバランスの崩《くず》れが原因《げんいん》であることは間違《まちが》いない。おそらく、農業《のうぎょう》や工業《こうぎょう》による汚染《おせん》など、人間《にんげん》の活動《かつどう》の結果《けっか》なのだろう。

青島市《チンタオし》ではブルドーザーを出動《しゅつどう》させ、7,300トン以上《いじょう》の藻《も》をビーチから除去《じょきょ》しなければならなかった。

ロマンチックな夜景《やけい》?

香港《ホンコン》の波打《なみう》ち際《ぎわ》で一段《いちだん》と明《あか》るく発光《はっこう》している水《みず》の華《はな》は、美《うつく》しい生物発光《せいぶつはっこう》として喜《よろこ》んでばかりいられない。環境汚染《かんきょうおせん》が進行《しんこう》している印《しるし》だからだ。ヤコウチュウ *Noctiluca scintillans*（ノクチルカ・シンチランス）が大発生《だいはっせい》するのは化学肥料《かがくひりょう》の使《つか》いすぎや排水《はいすい》が原因《げんいん》だ。ヤコウチュウ自体《じたい》は無毒《むどく》だが、高密度《こうみつど》に発生《はっせい》すると周辺《しゅうへん》の海《うみ》の生《い》き物《もの》を死滅《しめつ》させ、環境《かんきょう》を破壊《はかい》する。

腐臭《ふしゅう》を放《はな》つ花《はな》

庭《にわ》いじりがどんなに好《す》きな人《ひと》でも、**死体花《したいばな》＝ラフレシア**の前《まえ》では手《て》がぴたりと止《と》まってしまうだろう。この世界最大《せかいさいだい》の花《はな》は、**世界一臭《せかいいちくさ》い花《はな》**でもあり、**腐《くさ》った肉《にく》のような悪臭《あくしゅう》**が周囲《しゅうい》に立《た》ちこめる。幸《さいわ》い、**世《よ》にもまれな花《はな》**で、あまり出《で》会《あ》うことはない。

死体花《したいばな》はインドネシアの豊《ゆた》かな熱帯雨林《ねったいうりん》のシンボルとして、観光《かんこう》パンフレットを飾《かざ》っている。

ちっちゃなつぼみ

ラフレシアとは正反対《せいはんたい》に、世界《せかい》で一番小《いちばんち》さな花《はな》をつけるのがミジンコウキクサ[学名《がくめい》 *Wolffia globosa*（ウォルフィア・グロボーサ）]だ。粟粒《あわつぶ》ほどしかないこの緑色《みどりいろ》の植物《しょくぶつ》は、世界最小《せかいさいしょう》の顕花植物《けんかしょくぶつ》（花《はな》をつける植物《しょくぶつ》）で、水路《すいろ》や池《いけ》の水面《すいめん》に浮《う》かんでいる。

花《はな》の構造《こうぞう》は、赤地《あかじ》に白《しろ》いぶちのある分厚《ぶあつ》い花《はな》びらと、その中心《ちゅうしん》のカップ状《じょう》の部分《ぶぶん》でできている。

はやわかりリファレンス

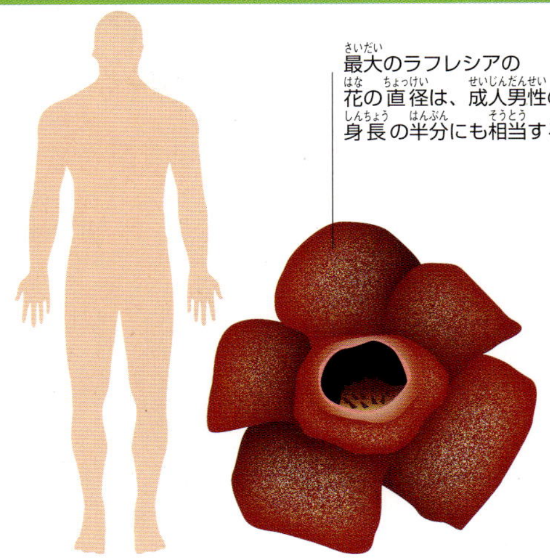

最大《さいだい》のラフレシアの花《はな》の直径《ちょっけい》は、成人男性《せいじんだんせい》の身長《しんちょう》の半分《はんぶん》にも相当《そうとう》する。

小《ちい》さな花《はな》が集《あつ》まってラフレシアより大《おお》きな花《はな》を形成《けいせい》する植物《しょくぶつ》もあるが、単独《たんどく》の花《はな》としてはラフレシアが最大《さいだい》だ。直径《ちょっけい》90cm、重《おも》さ10kgに達《たっ》するものもある。

花《はな》のつぼみは産後《さんご》の回復《かいふく》を早《はや》める薬《くすり》としても使《つか》われてきた。

学名《がくめい》 *Rafflesia arnoldii*（ラフレシア・アルノルディ）が悪臭《あくしゅう》を放《はな》つのは、ハエなどの昆虫《こんちゅう》を引《ひ》き寄《よ》せて受粉《じゅふん》してもらうためだ。ボルネオ島《とう》やスマトラ島《とう》の熱帯雨林《ねったいうりん》が原産《げんさん》で、つぼみが完全《かんぜん》に開《ひら》くまで10カ月《かげつ》かかり、咲《さ》いたら1週間《しゅうかん》で枯《か》れてしまう。葉《は》も茎《くき》もない寄生植物《きせいしょくぶつ》で、宿主内部《しゅくしゅないぶ》に隠《かく》れていたかと思《おも》うと、突然《とつぜん》つぼみを現《あらわ》して巨大《きょだい》な花《はな》を広《ひろ》げ始《はじ》める。

お化《ば》け植物《しょくぶつ》

一粒《ひとつぶ》の小《ちい》さな種《たね》から、とうてい**信《しん》じられないような植物《しょくぶつ》**が育《そだ》つことがある。**想像《そうぞう》を絶《ぜっ》するような変《か》わった**姿《すがた》をした植《しょく》物《ぶつ》が世界《せかい》のあちこちに**根《ね》を下《お》ろしている**。

特大《とくだい》サイズ

この巨大《きょだい》なハスは、原産地《げんさんち》のブラジルで一年中成長《いちねんじゅうせいちょう》を続《つづ》ける。直径《ちょっけい》2.5mを超《こ》える葉《は》は重《おも》さ45kgまで耐《た》えられるので、写真《しゃしん》のハトたちなど軽《かる》いものだ。

キソウテンガイ

異様《いよう》でムチャクチャな植物《しょくぶつ》だと思《おも》われているキソウテンガイは、もくもくと成長《せいちょう》を続《つづ》ける。ナミブ砂漠《さばく》にぽつんと生《は》え、地下水《ちかすい》と露《つゆ》を糧《かて》にして1,500年《ねん》も生《い》き続《つづ》けるのだ。

猿《さる》の壺《つぼ》

ウツボカズラの仲間《なかま》は、オーストラリア、東南《とうなん》アジア、マダガスカルなどに自生《じせい》する。壺《つぼ》のような形《かたち》の捕虫器《ほちゅうき》の中《なか》の液体《えきたい》を猿《さる》が好《この》むので、英語《えいご》で「モンキー・カップ(猿《さる》の壺《つぼ》)」と呼《よ》ばれている。昆虫《こんちゅう》たちは甘《あま》い蜜《みつ》に誘《さそ》われて、このつる性《せい》の食虫植物《しょくちゅうしょくぶつ》が仕掛《しか》ける熱帯《ねったい》のわなに落《お》ち、逆《ぎゃく》に食《た》べられてしまうのだ。

ソーセージがなる木《き》

ソーセージノキ[学名《がくめい》 *Kigelia africana*（キゲリア・アフリカナ)]は、アフリカの降水量《こうすいりょう》の多《おお》い地域《ちいき》に広範囲《こうはんい》に分布《ぶんぷ》する。高《たか》さ20mに達《たっ》するどでかい植物《しょくぶつ》で、ソーセージのような変《か》わった形《かたち》の果実《かじつ》は長《なが》さ90cmにもなる。

自転車《じてんしゃ》を飲《の》み込《こ》んだ木《き》

この自転車《じてんしゃ》に乗《の》っていたのが誰《だれ》であれ、まさしく**ここがどん詰《づ》まりだ**。この自転車《じてんしゃ》がどうやって**木《き》の中《なか》に埋《う》もれてしまった**のかは誰《だれ》にもわからず、長年《ながねん》経《た》った今《いま》でも、地元《じもと》の人《ひと》たちは**謎《なぞ》解《と》き**に夢中《むちゅう》になっている。

木《き》は自転車《じてんしゃ》を包《つつ》むように成長《せいちょう》したように見《み》える。しかし、木《き》は幹《みき》の部分《ぶぶん》ではなく、上部《じょうぶ》が伸《の》びるので、自転車《じてんしゃ》を持《も》ち上《あ》げられるはずがないという反論《はんろん》が多《おお》い。

お寺《てら》の木《き》

カンボジアにあるアンコール遺跡群《いせきぐん》の仏教寺院《ぶっきょうじいん》は、目《め》を見張《みは》るような建築物《けんちくぶつ》ばかりだが、朽《く》ちかけた寺《じ》院《いん》タ・プロームでは樹木《じゅもく》が主役《しゅやく》だ。ガジュマルやパンヤノキの巨大《きょだい》な根《ね》が崩《くず》れかかった寺院《じいん》の屋根《やね》を突《つ》き抜《ぬ》け、自然《しぜん》と建築《けんちく》が融《と》け合《あ》った、えも言《い》われぬ光景《こうけい》を作《つく》り上《あ》げている。

はやわかりリファレンス

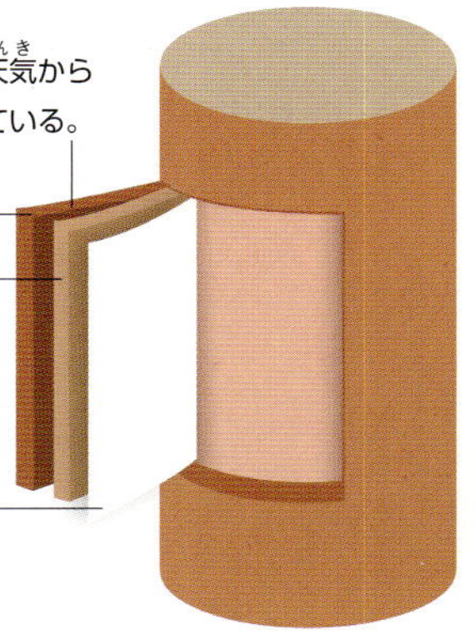
外皮《がいひ》と内皮《ないひ》は、
動物《どうぶつ》や菌類《きんるい》、天気《てんき》から
形成層《けいせいそう》を守《まも》っている。
外皮《がいひ》
内皮《ないひ》
樹皮《じゅひ》の内側《うちがわ》の形成層《けいせいそう》
と呼《よ》ばれる部分《ぶぶん》が、
新《あたら》しい細胞《さいぼう》を
作《つく》り木《き》を太《ふと》くする。

木《き》は、異物《いぶつ》が接触《せっしょく》していたり、食《く》い込《こ》んでいたり、あるいは近《ちか》くにあった場合《ばあい》、それを包《つつ》むようにゆっくりと成長《せいちょう》する。木《き》は動《うご》いて異物《いぶつ》から離《はな》れることができないので、幹《みき》が成長《せいちょう》する場合《ばあい》、成長《せいちょう》を止《と》めるか、異物《いぶつ》から遠《とお》ざかるように成長《せいちょう》するか、異物《いぶつ》を包《つつ》むように成長《せいちょう》する。異物《いぶつ》が完全《かんぜん》に埋《う》め込《こ》まれるまでには数十年《すうじゅうねん》かかる。

もとは赤《あか》い自転車《じてんしゃ》だったが、
このモミの木《き》の幹《みき》に
埋《う》まっている間《あいだ》にさびて
古《ふる》ぼけてしまった。

バークリー・ブレストは謎《なぞ》の自転車《じてんしゃ》にヒントを得《え》て絵《え》本を書《か》いた。

木《き》に抱《かか》えられた自転車《じてんしゃ》のミステリーは、アメリカのワシントン州《しゅう》ヴァション・アイランドの伝説《でんせつ》になっている。1914年《ねん》に一人《ひとり》の少年《しょうねん》が自転車《じてんしゃ》を木《き》に結《むす》んだ後《あと》、戦争《せんそう》に行《い》ってしまったという話《はなし》もあれば、町《まち》に住《す》む保安官《ほあんかん》のドン・パズは、自分《じぶん》が1950年代《ねんだい》に自転車《じてんしゃ》を置《お》き忘《わす》れたと断言《だんげん》している。疑《うたぐ》り深《ぶか》い人《ひと》たちは絶対《ぜったい》にただのいたずらだと言《い》っている。

海辺《うみべ》に「天《あま》の川《がわ》」出現《しゅつげん》！

モルディブ共和国《きょうわこく》は、白《しろ》い砂浜《すなはま》にインド洋《よう》の波《なみ》が打《う》ち寄《よ》せる、この上《うえ》なく美《うつく》しい島々《しまじま》で有名《ゆうめい》だ。しかし**バードゥ島《とう》**が息《いき》をのむほど美《うつく》しい姿《すがた》に変《か》わるのは、夜《よる》、小《ちい》さな植物《しょくぶつ》が海水《かいすい》を幻想的《げんそうてき》な青色《あおいろ》に輝《かがや》かせる時《とき》だ。まるで**満天《まんてん》の星《ほし》を映《うつ》し出《だ》している**かのようなこの自然現象《しぜんげんしょう》は、**水《みず》の華《はな》**と呼《よ》ばれる。

クジラや巻貝《まきがい》やクラゲなど、多《おお》くの海《うみ》の生《い》き物《もの》たちが植物《しょくぶつ》プランクトンをえさにする。

海《うみ》に生息《せいそく》する植物《しょくぶつ》プランクトンは、顕微鏡《けんびきょう》でないと見《み》えない海洋性微生物《かいようせいびせいぶつ》だ。植物《しょくぶつ》プランクトンが刺激《しげき》を受《う》けると、酸素《さんそ》と反応《はんのう》して生物発光《せいぶつはっこう》と呼《よ》ばれる化学反応《かがくはんのう》を起《お》こす。青《あお》くまたたく光《ひかり》は、この植物《しょくぶつ》プランクトンが発生《はっせい》させているのだ。この現象《げんしょう》は普通《ふつう》、船《ふね》が海水中《かいすいちゅう》の酸素《さんそ》をかく乱《らん》すると起《お》こる。バードゥ島《とう》のように生物発光《せいぶつはっこう》が海辺《うみべ》で起《お》こるのは珍《めずら》しい。

波《なみ》の一《ひと》つひとつが青白《あおじろ》い光《ひかり》を放《はな》つのは、砂浜《すなはま》に打《う》ち上《あ》げられる無数《むすう》の植物《しょくぶつ》プランクトンによるものだ。

はやわかりリファレンス

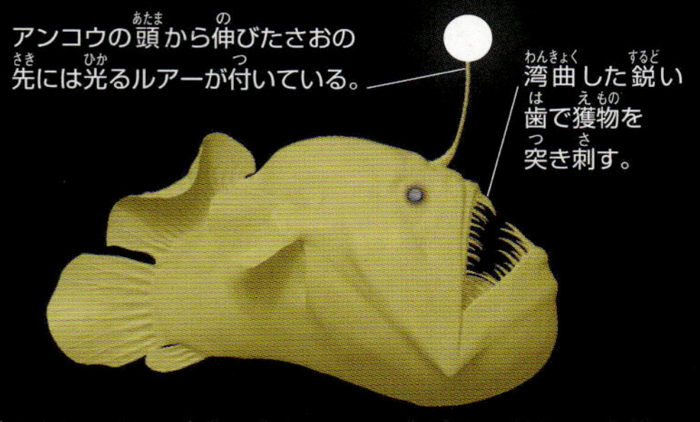
アンコウの頭《あたま》から伸《の》びたさおの先《さき》には光《ひか》るルアーが付《つ》いている。
湾曲《わんきょく》した鋭《するど》い歯《は》で獲物《えもの》を突《つ》き刺《さ》す。

深海《しんかい》の生《い》き物《もの》の多《おお》くは、暗闇《くらやみ》の中《なか》で自分《じぶん》専用《せんよう》の明《あか》るい光《ひかり》を発《はっ》するように進化《しんか》してきた。アンコウは生物発光《せいぶつはっこう》の「ちょうちん」を使《つか》って獲物《えもの》をおびき寄《よ》せる。頭《あたま》から突《つ》き出《で》たさおの先《さき》に発光器《はっこうき》があり、その中《なか》で培養《ばいよう》されている発光《はっこう》バクテリアは、アンコウが生成《せいせい》する化学物質《かがくぶっしつ》を使《つか》って光《ひか》る。

洞窟《どうくつ》の星空《ほしぞら》

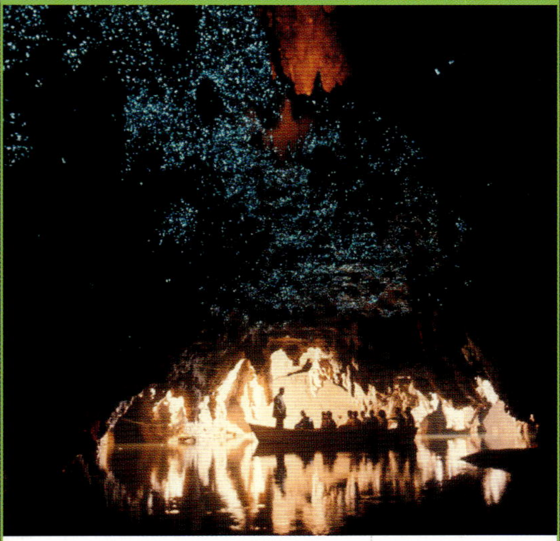

ニュージーランドのワイトモ洞窟《どうくつ》はツチボタルの楽園《らくえん》だ。このユニークな虫《むし》は学名《がくめい》を *Arachnocampa luminosa*（アラクノカンパ・ルミノサ）といい、暗闇《くらやみ》ではっとするほど明《あか》るい光《ひかり》を発生《はっせい》する。洞窟《どうくつ》のボートツアーが、観光客《かんこうきゃく》をきらめくツチボタルの世界《せかい》へ案内《あんない》している。

おもしろい動物《どうぶつ》たち

動物界《どうぶつかい》にはすごくすてきな生《い》き物《もの》たちがいて、にょろにょろ、するする進《すす》んだり、ビューンとダッシュしたり、もぞもぞ動《うご》いたり、飛《と》び込《こ》んだり、飛《と》びかかったり……自然《しぜん》という劇場《げきじょう》のあちこちで、豊《ゆた》かな物語《ものがたり》を繰《く》り広《ひろ》げている。動物《どうぶつ》たちの息《いき》をのむような魔法《まほう》のショーの観客《かんきゃく》となって、踊《おど》るクモ、哺乳類《ほにゅうるい》の曲芸《きょくげい》、爬虫類《はちゅうるい》の物《もの》まねなど、素晴《すば》らしいパフォーマンスを思《おも》いっきり楽《たの》しもう。

ヤドクガエル（矢毒蛙《やどくがえる》）の仲間《なかま》は、鮮《あざ》やかな色《いろ》をしているものが多《おお》い。天敵《てんてき》が近寄《ちかよ》らないようにド派手《はで》な色《いろ》ではっきり警告《けいこく》しているのだ。写真《しゃしん》のブリリアント・ブルーのカエルは1968年《ねん》に発見《はっけん》されたばかりで、このような青一色《あおいっしょく》の生《い》き物《もの》は珍《めずら》しい。

カニの行軍《こうぐん》

オーストラリアの**クリスマス島《とう》**では、毎年数千万匹《まいとしすうせんまんびき》にのぼる**アカガニ**たちが、森《もり》の住《す》みかを出《で》て、インド洋《よう》まで大移動《だいいどう》する。何《なん》kmも旅《たび》するカニの大《たい》群《ぐん》の**目的《もくてき》はただ一《ひと》つ**、繁殖《はんしょく》だ。

クリスマスアカガニは甲羅《こうら》の幅《はば》が最大《さいだい》11.5cmにもなる。

恋《こい》するオスガニたちは、大移動《だいいどう》の途中《とちゅう》で戦《たたか》い、メスの気《き》を引《ひ》こうとする。

コウモリの巣窟《そうくつ》

アメリカのテキサス州《しゅう》にあるブラッケン洞窟《どうくつ》にも、別《べつ》の生《い》き物《もの》がとてつもない数《かず》で密集《みっしゅう》している。ここには、コウモリの世界最大《せかいさいだい》の集団《しゅうだん》が住《す》んでいるのだ。毎日《まいにち》、夕暮《ゆうぐ》れ時《どき》になると、えさの昆虫《こんちゅう》を求《もと》めて約《やく》2,000万匹《まんびき》ものコウモリが洞窟《どうくつ》から飛《と》び立《た》っていく様子《ようす》は、迫力満点《はくりょくまんてん》の眺《なが》めだ。

はやわかりリファレンス

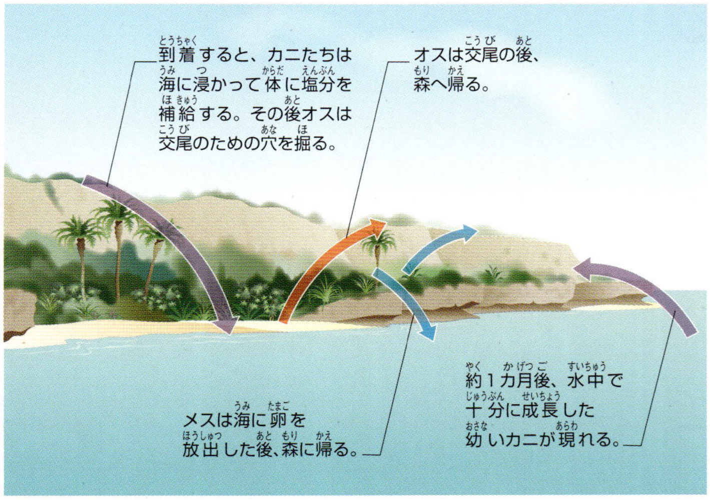
到着《とうちゃく》すると、カニたちは海《うみ》に浸《つ》かって体《からだ》に塩分《えんぶん》を補給《ほきゅう》する。その後《あと》オスは交尾《こうび》のための穴《あな》を掘《ほ》る。
オスは交尾《こうび》の後《あと》、森《もり》へ帰《かえ》る。
メスは海《うみ》に卵《たまご》を放出《ほうしゅつ》した後《あと》、森《もり》に帰《かえ》る。
約《やく》1カ月後《かげつご》、水中《すいちゅう》で十分《じゅうぶん》に成長《せいちょう》した幼《おさな》いカニが現《あらわ》れる。

大移動《だいいどう》は11月《がつ》の初《はじ》めに始《はじ》まり1月《がつ》まで続《つづ》く。オスが最初《さいしょ》に出発《しゅっぱつ》し、後《あと》にメスが続《つづ》く。カニたちは1週間《しゅうかん》ほどかけて海岸《かいがん》にたどり着《つ》く。交尾《こうび》の後《あと》、オスが先《さき》に森《もり》に戻《もど》り、少《すこ》し後《あと》からメスが続《つづ》く。

カニたちはひたすら海《うみ》を目指《めざ》す。アカガニの幼生《ようせい》のエラは原始的《げんしてき》で、水中《すいちゅう》でしか呼吸《こきゅう》できないため、交尾《こうび》が行《おこな》われるのは海岸《かいがん》だ。メスは海《うみ》の中《なか》で卵《たまご》を放《はな》つ。生《う》まれた幼生《ようせい》は水中《すいちゅう》で育《そだ》ち、1カ月《かげつ》ほど経《た》って海岸《かいがん》に大集合《だいしゅうごう》する。陸上《りくじょう》で呼吸《こきゅう》できるミニチュアサイズのカニに変態《へんたい》すると、小《ちい》さな赤《あか》ちゃんガニたちは森《もり》に帰《かえ》っていく。

オスが先《さき》に砂浜《すなはま》に着《つ》き、交尾《こうび》のための穴《あな》を掘《ほ》る。

ゾウと勝負《しょうぶ》

ゾウにとっては最悪《さいあく》の悪夢《あくむ》だ。水《みず》たまりでのんびりしていたら、**やかましい無数《むすう》の鳥《とり》たちの大群《たいぐん》が**押《お》し寄《よ》せて、静《しず》けさがぶち壊《こわ》されたのだから。**あまりのすさまじさに降参《こうさん》して、**このゾウはまもなく退散《たいさん》した。

コウヨウチョウは世界一《せかいいち》
個体数《こたいすう》が多《おお》い野鳥《やちょう》だ。
繁殖《はんしょく》できる成鳥《せいちょう》の数《かず》は
15億羽《おくわ》にのぼる。

コウヨウチョウという小《ち》さな鳥《とり》の大群《たいぐん》が、2012年《ねん》にケニアのサタオ・キャンプの水《みず》たまりに大集合《だいしゅうごう》した。体重《たいじゅう》わずか15～20gの鳥《とり》だが、どえらい大群《たいぐん》のため、その総重量《そうじゅうりょう》で木《き》の枝《えだ》が突然《とつぜん》折《お》れてしまったほどだ。耳《みみ》をつんざくような鳴《な》き声《ごえ》と荒々《あらあら》しい羽音《はおと》を立《た》てて飛《と》ぶ鳥《とり》たちに、耳《みみ》の大《おお》きいゾウは我慢《がまん》できずそそくさと退却《たいきゃく》した。

アフリカゾウは陸上《りくじょう》で最大《さいだい》の動物《どうぶつ》だ。

はやわかりリファレンス

コウヨウチョウの群《む》れはアフリカの農家《のうか》にとって危険《きけん》な存在《そんざい》だ。一《ひと》つの群《む》れが一日《いちにち》にいくつもの畑《はたけ》を食《く》い尽《つ》くしてしまうからだ。食《く》われる穀物《こくもつ》は50トンになる場合《ばあい》もあり、ゾウ7頭分《とうぶん》に匹敵《ひってき》する。

臆病者《おくびょうもの》のネコ

百獣《ひゃくじゅう》の王《おう》と言《い》われるライオンだが、怖《こわ》がりなことでも知《し》られている。ケニアのマサイマラ国立保護区《こくりつほごく》でキリンの親子《おやこ》がライオンの群《む》れにつけ回《まわ》されていた。子《こ》どもを守《まも》るためにキリンの親《おや》が突進《とっしん》すると、ライオンの群《む》れはあっという間《ま》に逃《に》げ去《さ》った。

ドリームチーム

動物《どうぶつ》の世界《せかい》でも、**チームワーク**が驚《おどろ》くような成果《せいか》を上《あ》げている。空襲《くうしゅう》にしろ、塚作《つかづく》りにしろ、**数《かず》が多《おお》いと**決定的《けっていてき》に**有利《ゆうり》**なのだ。

金色《きんいろ》のクラゲ

ジェリーフィッシュ・レイク(クラゲの湖《みずうみ》)は、太平洋《たいへいよう》のパラオ列島《れっとう》の離島《りとう》にある。えさとなる藻《も》が豊富《ほうふ》にあり、天敵《てんてき》がいないこの塩湖《えんこ》は、無害《むがい》な無数《むすう》のクラゲたちにとって完《かん》ぺきな住《す》みかなのだ。

スペインを襲《おそ》った大群《たいぐん》

2004年《ねん》、スペインのフエルテベントゥーラ島《とう》の上空《じょうくう》が、アフリカからやってきたピンク色《いろ》のイナゴの大群《たいぐん》に占領《せんりょう》された。すさまじい破壊力《はかいりょく》を持《も》つイナゴの集団《しゅうだん》は、アフリカ数力国《すうかこく》で収穫《しゅうかく》の3分《ぶん》の1を食《く》い尽《つ》くした後《あと》、1億匹《おくひき》がフエルテベントゥーラ島《とう》に飛《と》んできたのだ。

驚異《きょうい》の機織《はたお》り職人《しょくにん》

高《たか》さ4mに織《お》り上《あ》げられる巨大《きょだい》な巣《す》にちなんで名《な》づけられたシャカイハタオリドリは、アフリカ南部《なんぶ》に生息《せいそく》し、小枝《こえだ》や茎《くき》や草《くさ》を持《も》ち寄《よ》って、巨大《きょだい》な集合住宅《しゅうごうじゅうたく》を念入《ねんい》りに作《つく》り上《あ》げる。

特大《とくだい》のマウンド

シロアリのチームはだらけることがない。アリやミツバチと同《おな》じように、大勢《おおぜい》で力《ちから》を合《あ》わせればものすごいことができると知《し》っているからだ。アフリカ、オーストラリア、南米《なんべい》[写真《しゃしん》]のシロアリは巨大《きょだい》な塚《つか》を築《きず》き、中《なか》には直径《ちょっけい》30mに達《たっ》するものもある。彼《かれ》らの家《いえ》は完成《かんせい》までに5年《ねん》ほどかかる。

チョウたちの駅伝《えきでん》

たいていの人《ひと》は飛行機《ひこうき》でひとっ飛《と》びすることを選《えら》ぶはずの長旅《ながたび》だが、**オオカバマダラはカナダからメキシコ**までの**4,800km**の距離《きょり》を毎年《まいとし》自力《じりき》で飛《と》ぶ。空《そら》を飛《と》び交《か》う**無数《むすう》のチョウたち**は、**昆虫《こんちゅう》の渡《わた》り**として最長《さいちょう》の距《きょ》離《り》を集団《しゅうだん》で移動《いどう》する。

オオカバマダラはカナダの寒《さむ》い冬《ふゆ》を生《い》き延《の》びることができないので、暖《あたた》かい地方《ちほう》を目指《めざ》して南《なん》下する。普通《ふつう》のオオカバマダラの寿命《じゅみょう》は最長《さいちょう》8週間《しゅうかん》だが、カナダの夏《なつ》の終《お》わりに生《う》まれる世代《せだい》だけは違《ちが》う。交尾《こうび》して死《し》ぬのではなく、全《ぜん》エネルギーを費《つい》やして渡《わた》りをし、最長《さいちょう》8カ月《かげつ》まで生《い》きられるのだ。大移動《だいいどう》した世代《せだい》はメキシコで冬《ふゆ》を過《す》ごした後《あと》、繁殖《はんしょく》し、その子孫《しそん》が世代交代《せだいこうたい》を繰《く》り返《かえ》しながら北上《ほくじょう》を開始《かいし》し、カナダに戻《もど》る。

オオカバマダラは1日《にち》160kmを移動《いどう》し、2カ月《かげつ》かけて南下《なんか》する。

チョウたちは
前《まえ》の世代《せだい》と同《おな》じように、
同《おな》じ小《ちい》さな地域《ちいき》に戻《もど》ってくる。
しかも全《まった》く同《おな》じ木《き》に
戻《もど》ることが多《おお》い。

オオカバマダラはメキシコで
モミの木《き》の幹《みき》や枝《えだ》に
とまり越冬《えっとう》する。

はやわかりリファレンス

他《ほか》のチョウと同《おな》じように、オオカバマダラの一生《いっしょう》も四《よっ》つの段階《だんかい》を経《へ》る。卵《たまご》として生《う》まれ、そこから幼虫《ようちゅう》(イモムシ)が孵化《ふか》する。幼虫《ようちゅう》はえさを食《た》べ、体《からだ》が大《おお》きくなるたびに脱皮《だっぴ》する。脱皮《だっぴ》は４回以上《かいいじょう》繰《く》り返《かえ》される。

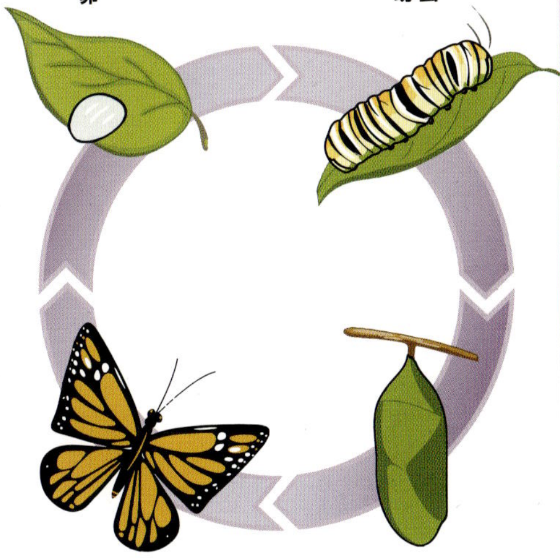

その後《ご》、幼虫《ようちゅう》が蛹《さなぎ》になる。蛹《さなぎ》の中《なか》で幼虫《ようちゅう》は成虫《せいちゅう》(チョウ)に姿《すがた》を変《か》える。卵《たまご》から成虫《せいちゅう》に至《いた》るこの全過程《ぜんかてい》を完全《かんぜん》変態《へんたい》という。

オオカバマダラの保護《ほご》

オオカバマダラが卵《たまご》を産《う》むのは、トウワタという植物《しょくぶつ》だけに限《かぎ》られている。生《う》まれてくる幼虫《ようちゅう》がそれしか食《た》べないからだ。ところが、除草剤《じょそうざい》の影響《えいきょう》で北米《ほくべい》のトウワタの数《かず》が減少《げんしょう》している。そこで自然保護活動家《しぜんほごかつどうか》は、オオカバマダラに必要《ひつよう》な生息環境《せいそくかんきょう》を作《つく》るため、自宅《じたく》にトウワタを植《う》えるよう呼《よ》びかけている。

ワールド・ワイルド・ウェブ

無数《むすう》のクモたちが一《いっ》カ所《かしょ》に集結《しゅうけつ》すると、協力《きょうりょく》して、**木《き》や生《いけ》垣《がき》や野原《のはら》**をおおう**巨大《きょだい》なシート網《もう》**を紡《つむ》ぐことができる。クモたちの驚《おどろ》くべきチームワークは、**複雑《ふくざつ》なデザイン**で風景《ふうけい》を様変《さまが》わりさせてしまうのだ。

はやわかりリファレンス

世界一長《せかいいちなが》い足《あし》を持《も》つクモは、2001年《ねん》にラオスの洞窟《どうくつ》で発見《はっけん》された、アシダカグモの仲間《なかま》のジャイアント・ハンツマン・スパイダーだ。1本《ぽん》の足《あし》の先《さき》から反対側《はんたいがわ》の足《あし》の先《さき》までの長《なが》さは30cm。体重《たいじゅう》が世《せ》界一《かいいち》のクモは鳥《とり》を食《た》べるルブロンオオツチグモだ。南米《なんべい》に生息《せいそく》するタランチュラの一種《いっしゅ》で、体重《たいじゅう》は70gもある。

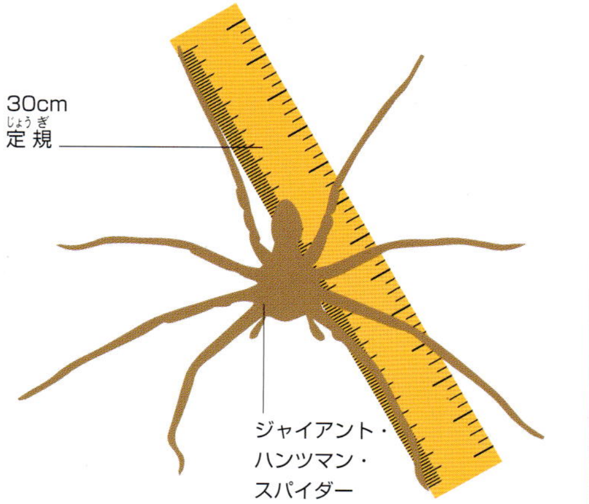

このクモの網《あみ》は非常《ひじょう》に厚《あつ》いので、木《き》に網《あみ》が掛《か》けられているように見《み》える。

通常《つうじょう》より数《すう》メートル水位《すいい》が上《あ》がり、生《い》き物《もの》たちは命《いのち》からがら木《き》に向《む》かった。

クモたちがこの網《あみ》を作《つく》ったのは、10年分《ねんぶん》の雨《あめ》が1週間《しゅうかん》、シンド州《しゅう》に降《ふ》り注《そそ》いだ時《とき》だった。

2010年《ねん》にパキスタンのシンド州《しゅう》で、多《おお》くの樹々《きぎ》が巨大《きょだい》な網《あみ》で包《つつ》まれた。モンスーンの豪雨《ごうう》で広範囲《こうはんい》が浸水《しんすい》したため、地上《ちじょう》に住《す》む、クモを始《はじ》めとする生《い》き物《もの》たちは避難《ひなん》しなければならなくなった。彼《かれ》らは大《だい》洪水《こうずい》を逃《のが》れて木《き》に登《のぼ》り、その手仕事《てしごと》が誰《だれ》にでも見《み》られるようにしたのだ。

動物《どうぶつ》の予知能力《よちのうりょく》

自然災害《しぜんさいがい》を予知《よち》できる生《い》き物《もの》がいる。鳥《とり》は嵐《あらし》が来《く》るのを感知《かんち》して逃《に》げるし、フロリダ州《しゅう》の研究者《けんきゅうしゃ》によると、サメはハリケーンが発生《はっせい》する前《まえ》に、より深《ふか》い水域《すいいき》へ移動《いどう》することがわかっている。

クジャク気取《きど》りのクモ

オーストラリアの**ピーコック・スパイダー**（クジャクグモ）は、華麗《かれい》な**ステップ**で女性《じょせい》の心《こころ》をわしづかみにする。**足《あし》が8本《ほん》**あるだけに8ビートでノリノリになって、腹部《ふくぶ》のカラフルな旗《はた》をはためかせる。

ピーコック・スパイダーには目《め》が6個《こ》あり、数《すう》m先《さき》のものでもカラーで鮮明《せんめい》に見《み》える。

はやわかりリファレンス

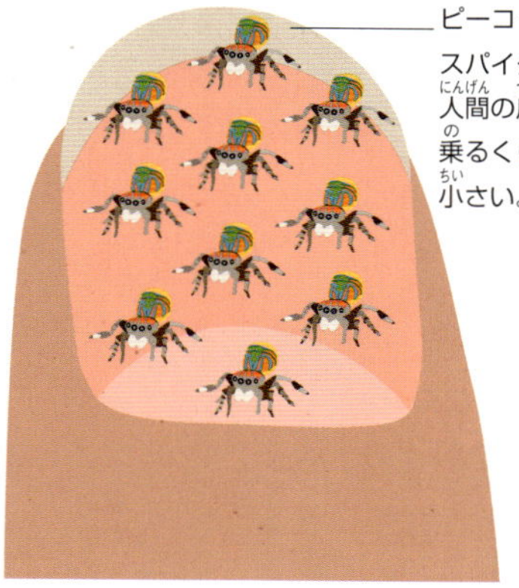

ピーコック・スパイダーは人間《にんげん》の爪《つめ》に10匹《ぴき》乗《の》るくらい小《ち》さい。

ピーコック・スパイダーはとても小《ちい》さく、成虫《せいちゅう》の体長《たいちょう》はわずか4mmだ。小粒《こつぶ》だけれど、ジャンプが得意《とくい》なハエトリグモの仲間《なかま》にふさわしく、体長《たいちょう》の20倍以上《ばいいじょう》もジャンプできる。

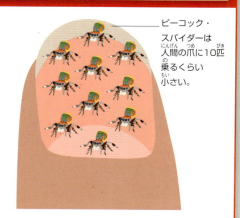

オスグモの腹部《ふくぶ》のカラフルな旗《はた》は、求愛《きゅうあい》ダンスの間《あいだ》、扇《おうぎ》のように掲《かか》げられる。それ以外《いがい》の時《とき》は折《お》りたたんでしまってあって見《み》えない。

ピーコック・スパイダーの求愛《きゅうあい》ダンスでは、オスが次々《つぎつぎ》とかっこよくジャンプを決《き》めたり、体《からだ》を揺《ゆ》すったり、足《あし》をピンと伸《の》ばしてポーズをとったりして、メスの気《き》を引《ひ》く。メスはオスの色《いろ》や動《うご》きをじっくり観察《かんさつ》しながら、パートナーとしてふさわしいかどうか判断《はんだん》する。もしメスがつまらないと思《おも》ったら、求婚者《きゅうこんしゃ》を襲《おそ》って食《た》べてしまうかもしれない！

交尾《こうび》の後《あと》、ピーコック・スパイダーは他《ほか》のメスを探《さが》しに行《い》く。

このクモはクジャクに負《ま》けないくらい派手《はで》なのでピーコック・スパイダーと名《な》づけられた。

極楽鳥《ごくらくちょう》の飾《かざ》り羽《ばね》

極楽鳥《ごくらくちょう》の求愛行動《きゅうあいこうどう》はかなりのものだ。写真《しゃしん》は、見事《みごと》な求《きゅう》愛《あい》ダンスを繰《く》り広《ひろ》げる前《まえ》に、オスが変身《へんしん》して、精《せい》いっぱい広《ひろ》げた鮮《あざ》やかな青《あお》い羽《はね》を鈍《にぶ》い色合《いろあ》いのメスに披露《ひろう》しているところだ。完《かん》ぺきなパフォーマンスでメスの心《こころ》をつかめ！

ふくれる吸血虫《きゅうけつちゅう》

ダニは虫《むし》の世界《せかい》の**吸血鬼《きゅうけつき》**だ。生《い》きるために腹《はら》いっぱいに血《ち》を食《く》らう。**ロッキーマウンテン・ウッドチック**は大宴会《だいえんかい》の後《あと》、もとのサイズの何倍《なんばい》にも膨《ふく》れ上《あ》がる。**血《ち》でパンパンになる**と、ダニは弱《よわ》った宿主《しゅくしゅ》から落《お》ちる。

アメリカのコロラド州《しゅう》の高地《こうち》に生息《せいそく》するロッキーマウンテン・ウッドチック[学名《がくめい》 *Dermacentor andersoni*(デルマセントル・アンデルソニ)]は３種類《しゅるい》の宿主《しゅくしゅ》に寄生《きせい》する。３年《ねん》の一生《いっしょう》の中《なか》で、孵化《ふか》してすぐの幼生《ようせい》の時《とき》、若虫《わかむし》の時《とき》、成虫《せいちゅう》の時《とき》の３回吸血《かいきゅうけつ》する。最初《さいしょ》の２回《かい》は小動物《しょうどうぶつ》で十分《じゅうぶん》だが、このダニの最後《さいご》の晩餐《ばんさん》はシカやヒツジか、人間《にんげん》のことだってある！

ウッドチックの成虫《せいちゅう》はえさがなくても600日間《にちかん》生《い》きられる。

はやわかりリファレンス

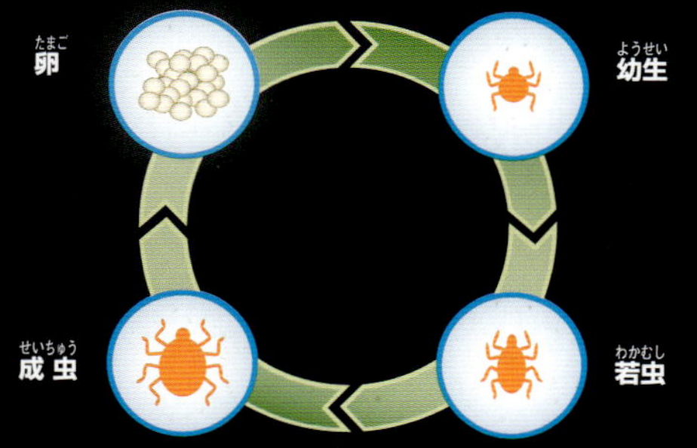

ロッキーマウンテン・ウッドチックには近寄《ちかよ》らないのが一番《いちばん》だ。ダニの一生《いっしょう》のどの段階《だんかい》でも、ヒトやネコやイヌにダニ媒介性《ばいかいせい》の病気《びょうき》を伝染《でんせん》させる可能性《かのうせい》があるからだ。噛《か》まれたら24時間以内《じかんいない》にダニを肌《はだ》から取《と》り除《のぞ》かなければ(ピンセットでつかむなどして)、たいていの場合《ばあい》は感染《かんせん》してしまう。

武装《ぶそう》した危険《きけん》なウッドチックの成虫《せいちゅう》。硬《かた》い殻《から》を持《も》ち、情《なさ》け容赦《ようしゃ》なく噛《か》む。

吸血前《きゅうけつまえ》

ダニは宿主《しゅくしゅ》をえさにして、血《ち》でパンパンに膨《ふく》らむまで大《おお》きくなる。

ダニはクモ綱《こう》に属《ぞく》する
クモの近縁種《きんえんしゅ》だ。およそ900種《しゅ》のダニが存在《そんざい》する。

吸血後《きゅうけつご》

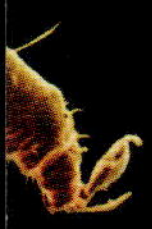

地球最強《ちきゅうさいきょう》の微生物《びせいぶつ》

クマムシは体長《たいちょう》わずか1mmほどと小《ちい》さいが、事実上《じじつじょう》、破壊不可能《はかいふかのう》だ。煮《に》えたぎるお湯《ゆ》の中《なか》に落《お》とされようが、氷《こおり》の中《なか》に閉《と》じ込《こ》められようが、このちっちゃな戦士《せんし》はひるまない。10年間水《ねんかんみず》を与《あた》えなくても、宇宙《うちゅう》に打《う》ち上《あ》げてもへっちゃらだ。

パラサイトの奇襲《きしゅう》

パラサイトに招待状《しょうたいじょう》はいらない。宿主《しゅくしゅ》となる生物《せいぶつ》を見《み》つけたら、くっついて、あらゆる利益《りえき》を吸《す》い上《あ》げる。

舌《した》は災《わざわ》いの根《ね》

写真《しゃしん》のハナビラクマノミの口《くち》の中《なか》から顔《かお》をのぞかせているのは、魚《さかな》の舌《した》を食《た》べる寄《き》生《せい》虫《ちゅう》だ。ウオノエ（魚《うお》の餌《え》）科《か》の*Cymothoa exigua*（シモソア・エクシグア）は魚《さかな》のエラから侵入《しんにゅう》して舌《した》にへばりつき、そこに住《す》み着《つ》いてごちそう三昧《ざんまい》の暮《く》らしを送《おく》る。舌《した》を食《た》べ尽《つ》くしてしまうと寄生虫《きせいちゅう》自身《じしん》が舌《した》になりすますのだ。

カエルと吸虫《きゅうちゅう》

吸虫《きゅうちゅう》は寄生虫《きせいちゅう》の一種《いっしゅ》で、オタマジャクシをひどい目《め》に遭《あ》わせる。後《あと》でカエルの足《あし》になる皮膚《ひふ》を食《く》いちぎって侵入《しんにゅう》するため、成長《せいちょう》したカエルは足《あし》が変形《へんけい》していたり、本数《ほんすう》が足《た》りなかったり、増《ふ》えていたりする。

乗《の》っ取《と》られた殻《から》

吸虫《きゅうちゅう》の一種《いっしゅ》ロイコクロリディウム・パラドクサム[*Leucochloridium paradoxum*]は鳥《とり》の消化器《しょうかき》官《かん》に寄生《きせい》し、鳥《とり》のふんをえさにするカタツムリに移動《いどう》する。この寄生虫《きせいちゅう》はさらにカタツムリの触覚《しょっかく》に移動《いどう》し、お腹《なか》を空《す》かせた鳥《とり》がこれをイモムシと間違《まちが》えて捕食《ほしょく》して、サイクルが繰《く》り返《かえ》される。

温《あたた》めていた計画《けいかく》

オナガバチのメスは、キバチに侵食《しんしょく》された木《き》に長《なが》い産卵《さんらん》管《かん》を使《つか》って穴《あな》を開《あ》け、中《なか》にいるキバチの幼虫《ようちゅう》に卵《たまご》を産《う》む。卵《たまご》から孵化《ふか》した幼虫《ようちゅう》は、宿主《しゅくしゅ》を生《い》きたまま食《た》べるのだ。

目《め》の上《うえ》の寄生虫《きせいちゅう》

まばたきしたら見逃《みのが》してしまうかもしれないほどの、**極小《ごくしょう》の寄生虫《きせいちゅう》**が君《きみ》の**まつ毛《げ》**に住《す》み着《つ》いたとしたら？　招待《しょうたい》もしていないのに、ダニたちは快適《かいてき》な住《す》みかと**無限《むげん》に供給《きょうきゅう》される食料《しょくりょう》**を手《て》に入《い》れてしまったのだ。しかも年《とし》をとればとるほど、もっと多《おお》くのダニを養《やしな》うことになる！

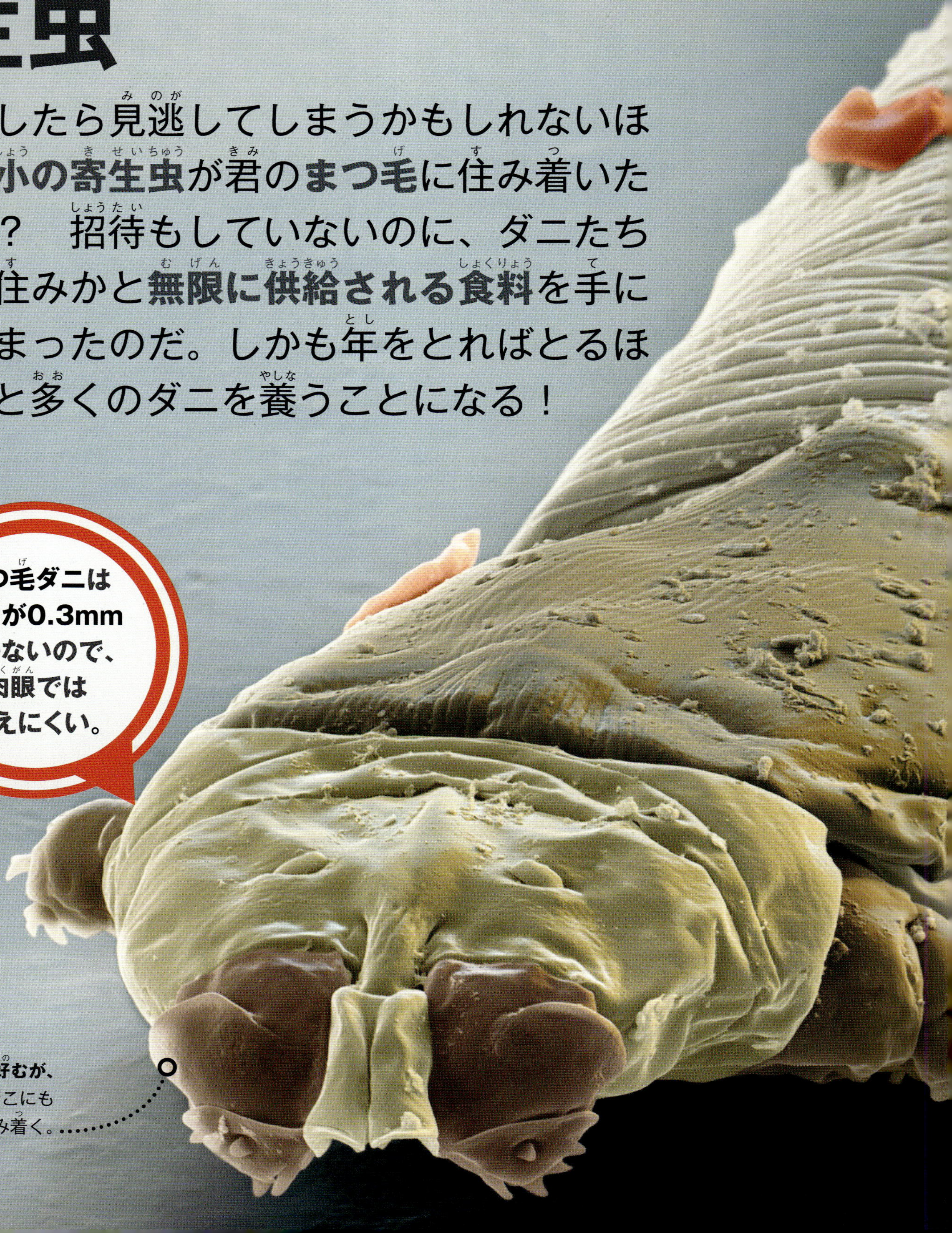

まつ毛《げ》ダニは全長《ぜんちょう》が0.3mmしかないので、肉眼《にくがん》では見《み》えにくい。

このダニはまつ毛《げ》を好《この》むが、
鼻《はな》やほお、おでこにも
住《す》み着《つ》く。

はやわかりリファレンス

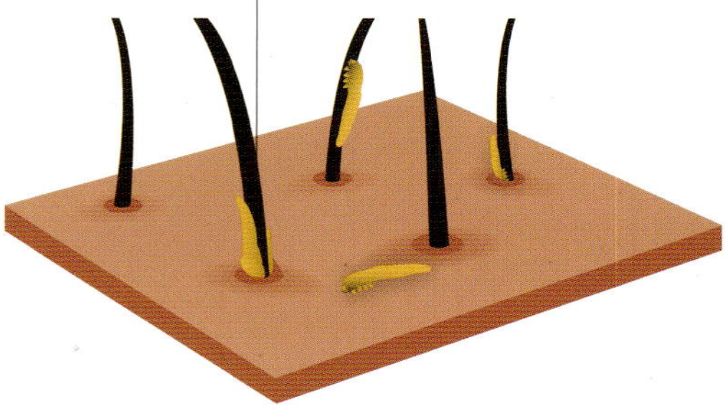
一《ひと》つの毛穴《けあな》に数匹《すうひき》のダニが住《す》む。

気味《きみ》の悪《わる》い姿《すがた》をしているが、イモムシみたいなこのダニは無害《むがい》だ。まつ毛《げ》ダニは毛穴《けあな》をきれいにしてくれるので、実《じつ》は役《やく》に立《た》っていると主張《しゅちょう》する科学者《かがくしゃ》もいる。ダニは顔《かお》を毛穴《けあな》に埋《う》めて、日《ひ》がな一日《いちにち》、有害《ゆうがい》なゴミを掃除《そうじ》してくれる。

まつ毛《げ》ダニは、正式《せいしき》な名前《なまえ》をニキビダニ[学名《がくめい》 *Demodex folliculorum* (デモデクス・フォリキュロラム)]という。皮《ひ》膚《ふ》のゴミを食《た》べる動物《どうぶつ》で、毛穴《けあな》に顔《かお》を突《つ》っ込《こ》んで、死《し》んだ細《さい》胞《ぼう》や皮脂《ひし》(毛穴《けあな》から皮膚表面《ひふひょうめん》に分泌《ぶんぴつ》される脂肪分《しぼうぶん》)をたらふく食《た》べる。年《とし》をとると皮脂《ひし》の分泌量《ぶんぴつりょう》が増《ふ》え、免疫系《めんえきけい》が弱《よわ》まるので、まつ毛《げ》に集《あつ》まるダニの数《かず》も増《ふ》える。生《う》まれたばかりの赤《あか》ん坊《ぼう》には寄生《きせい》していないが、時間《じかん》とともに肌《はだ》に不純物《ふじゅんぶつ》が蓄積《ちくせき》する。

皮膚《ひふ》を付《つ》け狙《ねら》う虫《むし》

もう一《ひと》つの招《まね》かれざる客《きゃく》がイエダニだ。ごく小《ちい》さな埃《ほこり》ほどの大《おお》きさで、人間《にんげん》からしょっちゅう落《お》ちるフケをえさにする。この厄介者《やっかいもの》はよくくしゃみや喘息《ぜんそく》の原因《げんいん》になっている。

このイモムシは、ヘメロプラネス・トリプトレムス[*Hemeroplanes triptolemus*]という**スズメガ**の**幼虫《ようちゅう》**だ。

ヘビの威《い》を借《か》る幼虫《ようちゅう》

ヘビをヘビでないとはこれいかに？　実《じつ》はこれ、**イモムシ**なのだ。こんな思《おも》いも寄《よ》らない変装《へんそう》は**身《み》を守《まも》る**ためのもの。ヘビに擬態《ぎたい》するスズメガの幼虫《ようちゅう》は、森《もり》の天敵《てんてき》を追《お》い払《はら》うため、恐《おそ》ろしいヘビを**不気味《ぶきみ》なほどそっくり**に真似《まね》ているのだ。

ヘビの「頭《あたま》」の上《うえ》にあたる茶色《ちゃいろ》い部分《ぶぶん》は、実《じつ》はイモムシの腹脚《ふくきゃく》だ。よく見《み》ると足《あし》が見《み》える。

頭《あたま》を反《そ》らせ、体《からだ》の前方《ぜんぽう》を膨《ふく》らませたイモムシは、本物《ほんもの》のヘビの頭《あたま》そっくりになる。

このスズメガの幼虫《ようちゅう》は危険《きけん》を感《かん》じると、すぐさま見《み》かけも動《うご》きもヘビそっくりになる。足《あし》を引《ひ》っ込《こ》め、頭《あたま》を反《そ》らせて、くねくね動《うご》き出《だ》す。体《からだ》の裏側《うらがわ》を膨《ふく》らませた部分《ぶぶん》がヘビの頭《あたま》に見《み》えるのだ。普通《ふつう》のイモムシに比《くら》べてサイズが大《おお》きく、おまけに体《からだ》が鱗《うろこ》でおおわれたこのイモムシは、文句《もんく》なしに変装《へんそう》の名人《めいじん》だ。

イモムシたちのカモフラージュ

イモムシたちは、あの手《て》この手《て》を使《つか》って攻撃《こうげき》をかわしている。鳥《とり》のふんに似《に》せた、さえない姿《すがた》のイモムシ[写真《しゃしん》]もいれば、天敵《てんてき》をびびらせるために偽《にせ》の「目玉模様《めだまもよう》」をつけているもの、まずそうに見《み》えるように、棘《とげ》をたくさん生《は》やしたり、毛《け》むくじゃらになったりしているものもいる。

はやわかりリファレンス

枝《えだ》につかまっている時《とき》は、ごく普通《ふつう》のイモムシに見《み》える。

危険《きけん》を察知《さっち》すると、宙《ちゅう》づりになって体《からだ》を反《そ》らせ、腹側《ふくそく》を見《み》せる。

さらに、体《からだ》の前方《ぜんぽう》を膨《ふく》らませて、本物《ほんもの》のヘビの頭《あたま》そっくりになる。

空《そら》飛《と》ぶ数字《すうじ》

原産地《げんさんち》の中南米《ちゅうなんべい》で**幸運《こううん》の印《しるし》**とされている、**ウラモジタテハ**のラッキーナンバーは**88**と**89**だ。左右《さゆう》の羽《はね》に大《おお》きくくっきりと描《えが》かれた**一際目立《ひときわめだ》つ数字《すうじ》**は、このチョウたちがあらゆる動植物《どうしょくぶつ》の中《なか》から**パートナー**を**引《ひ》き寄《よ》せる**のに役立《やくだ》っている。

高速《こうそく》で飛《と》ぶ

このチョウは、生息地《せいそくち》の熱帯雨林《ねったいうりん》を単独《たんどく》で飛《と》び回《まわ》る。

ガラスの羽《はね》

グラスウイング・バタフライは、羽《はね》の向《む》こう側《がわ》が透《す》けて見《み》える。窓《まど》ガラスのように透明《とうめい》な羽《はね》は、中米《ちゅうべい》の生息地《せいそくち》で天敵《てんてき》から逃《のが》れるのに役立《やくだ》っている。

ウラモジタテハは夏《なつ》になると人間《にんげん》にとまって汗《あせ》を吸《す》う。

はやわかりリファレンス

小《ちい》さな鱗《うろこ》が光《ひかり》を錯乱《さくらん》させ、美《うつく》しい玉虫色《たまむしいろ》に発色《はっしょく》する。

チョウの羽《はね》はキチンと呼《よ》ばれる物質《ぶっしつ》でできた、無数《むすう》の小《ちい》さな鱗《うろこ》でおおわれている。この粉《こな》のような鱗《うろこ》(鱗粉《りんぷん》)は、チョウの羽《はね》を鮮《あざ》やかに彩《いろど》っているだけでなく、体温《たいおん》を調節《ちょうせつ》するのにも役立《やくだ》っている。

数字《すうじ》の89か88が
左右《さゆう》の後翅《こうし》にはっきり現《あらわ》れている。

ウラモジタテハ属《ぞく》のチョウの模様《もよう》は、種《しゅ》ごとにはっきり異《こと》なっている。全部《ぜんぶ》で12種《しゅ》あり、模様《もよう》の色《いろ》や形《かたち》やデザインがそれぞれ違《ちが》う。悲《かな》しいことに、ウラモジタテハはエキゾチックな羽《はね》で観光《かんこう》土産《みやげ》を作《つく》るために殺《ころ》され、数《かず》が減少《げんしょう》している。

悪魔《あくま》の変装《へんそう》

木《こ》の葉《は》かな？　それとも枝《えだ》？　実《じつ》はこれ、ヤモリの一種《いっしゅ》で、その名《な》も**エダハヘラオヤモリ**（枝葉篦尾《えだはへらお》ヤモリ）という。朽《く》ちた葉《は》に見事《みごと》に変装《へんそう》する、マダガスカルに住《す》む**カモフラージュの王様《おうさま》**は、赤《あか》い目《め》と尖《とが》った角《つの》を持《も》ち、夜《よる》のハンティングが得意《とくい》だ。

自然《しぜん》が生《う》んだ、**悪魔《あくま》のイメージに一番近《いちばんちか》い騙《だま》し屋《や》**だ。

ヤモリにはまぶたがないので、長《なが》い舌《した》でなめてゴミを拭《ふ》き取《と》る。

はやわかりリファレンス

ヤモリの足指《あしゆび》の腹《はら》には粘着力《ねんちゃくりょく》があり、つるつるした壁《かべ》にも張《は》り付《つ》くことができる。指《ゆび》の一本一本《いっぽんいっぽん》には多《おお》くの畝《うね》があり、どの畝《うね》も細《ほそ》い毛状突起《もうじょうとっき》でびっしりとおおわれている。さらに突起《とっき》の先《さき》は、顕微鏡《けんびきょう》でなければ見《み》えない無数《むすう》の繊毛《せんもう》に枝《えだ》分《わ》かれしている。この繊毛《せんもう》が接《せっ》した面《めん》にくっつくため、ヤモリは表面《ひょうめん》をしっかりとつかみながら登《のぼ》ることができるのだ。

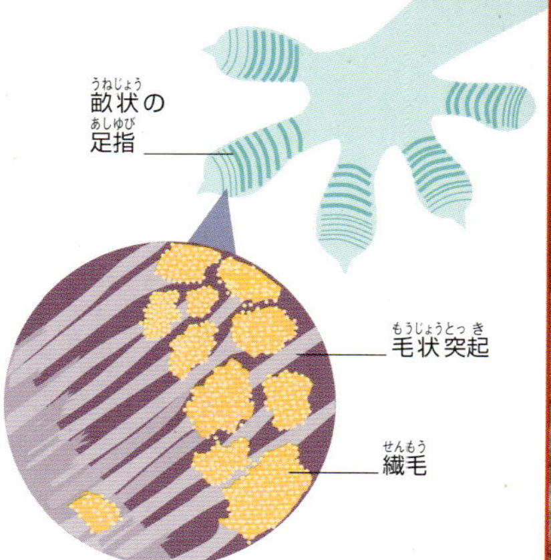

この小《ち》さな怪物《かいぶつ》は、適者生存《てきしゃせいぞん》のよい例《れい》だ。少《すこ》しずつ環境《かんきょう》に適応《てきおう》してきた結果《けっか》、木《こ》の葉《は》に驚《おどろ》くほどそっくりな現在《げんざい》の姿《すがた》になったのだ。このヤモリを狙《ねら》うのはヘビや大《おお》ネズミ。変装《へんそう》が見破《みやぶ》られると、この不屈《ふくつ》の戦士《せんし》は森《もり》の地面《じめん》に落《お》ちて落《お》ち葉《ば》に身《み》を隠《かく》すか、高《たか》い枝《えだ》に飛《と》び移《うつ》って避難《ひなん》する。

苔《こけ》むした仮面《かめん》

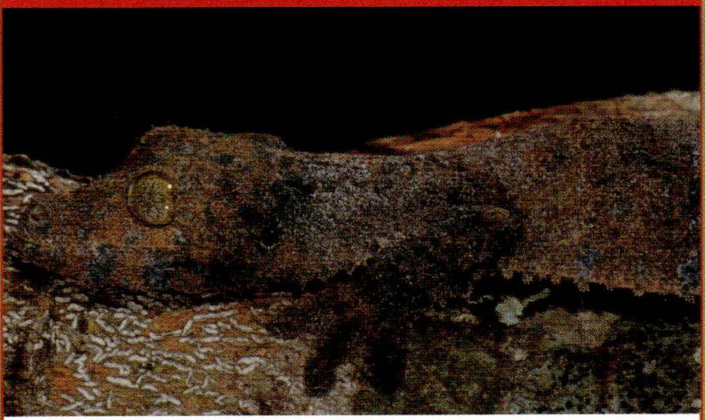

マダガスカルのヤマビタイヘラオヤモリも変装《へんそう》の名人《めいじん》だ。色《いろ》や模様《もよう》が苔《こけ》むした樹皮《じゅひ》にそっくりなのだ。体《からだ》を縁取《ふちど》る房飾《ふさかざ》りのような皮膚《ひふ》がヤモリと木《き》の隙間《すきま》をぴったり埋《う》めるので、生育地《せいいくち》の森《もり》の中《なか》でじっとしていると、木《き》の幹《みき》に溶《と》け込《こ》んでしまって輪郭《りんかく》が見《み》えない。

よじれた体《からだ》と筋《すじ》のついた皮膚《ひふ》は
枯《か》れ葉《は》の特徴《とくちょう》そのもので、
生育地《せいいくち》の森《もり》にまんまと
紛《まぎ》れ込《こ》むことができる。
まだら模様《もよう》の尾《お》には、
時《とき》を経《へ》て干《ひ》からびた
葉《は》のように、欠《か》けている
ように見《み》えるところがある。

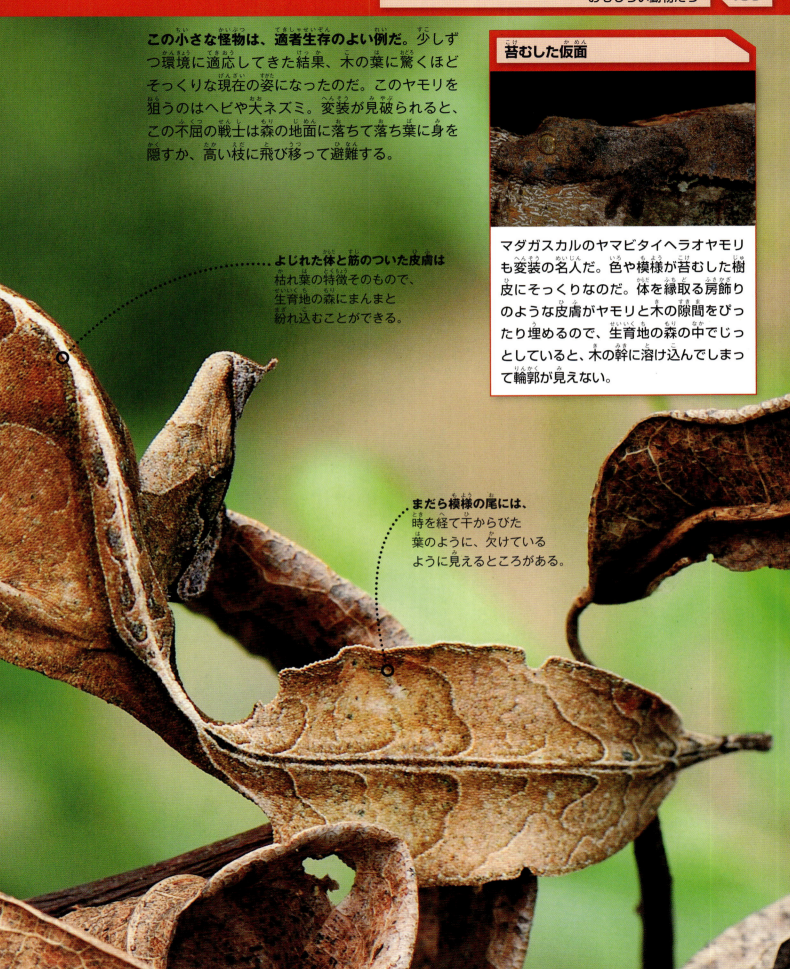

隠《かく》れみの

他《ほか》より目立《めだ》っていることが、**動物《どうぶつ》の世《せ》界《かい》**では**弱点《じゃくてん》**になる。競争《きょうそう》が激《はげ》しく、食《た》べ物《もの》が乏《とぼ》しく、命《いのち》が危機《きき》に瀕《ひん》している状況《じょうきょう》では、**調和《ちょうわ》する**のが**生《い》き残《のこ》る**ための最善《さいぜん》の策《さく》なのかもしれない。

木《き》になりすます

オオコノハズクの仲間《なかま》は、カモフラージュ模様《もよう》の羽《はね》と小枝《こえだ》のような羽角《うかく》(頭部《とうぶ》にある耳《みみ》のように見《み》える部分《ぶぶん》)を利用《りよう》して身《み》を隠《かく》し、突然急降下《とつぜんきゅうこうか》して昆虫《こんちゅう》やネズミなどに襲《おそ》いかかる。

キツネの策略《さくりゃく》

ツンドラ地域《ちいき》に住《す》む、雪《ゆき》のように真《ま》っ白《しろ》なホッキョクギツネは、凍《い》てついた冬《ふゆ》の景色《けしき》に難《なん》なく溶《と》け込《こ》んでいる。しかもこの毛皮《けがわ》は季節《きせつ》によって色《いろ》が変《か》わるのだ。このキツネは夏《なつ》になると、岩肌《いわはだ》や植生《しょくせい》によくなじむ赤茶色《あかちゃいろ》の毛皮《けがわ》を身《み》にまとう。

密《ひそ》やかなクモ

ユーラシア大陸北部《たいりくほくぶ》に生息《せいそく》するツユグモは、周囲《しゅうい》の葉《は》に溶《と》け込《こ》むのにもってこいの色合《いろあ》いだ。このクモは、天敵《てんてき》にも獲物《えもの》にもほぼ見《み》られることなく移動《いどう》できる。

待《ま》ち伏《ぶ》せる武装犯《ぶそうはん》

オーストラリアのグレート・バリア・リーフや日本近海《にほんきんかい》に生息《せいそく》するこのカラフルな生《い》き物《もの》は、サンゴの一部《いちぶ》であるかのように装《よそお》っているが、実《じつ》はオニダルマオコゼという魚《さかな》だ。毒《どく》を出《だ》す棘《とげ》を備《そな》え、獲物《えもの》が通《とお》りかかるのを待《ま》ち伏《ぶ》せする。

柔軟《じゅうなん》な両生類《りょうせいるい》

アフリカに住《す》むトキイロヒキガエルは、昼間《ひるま》は皮膚《ひふ》の色《いろ》と模様《もよう》を生《い》かして倒木《とうぼく》の下《した》や枯《か》れ葉《は》の上《うえ》で隠《かく》れて安全《あんぜん》に過《す》ごし、夜《よる》になると昆虫《こんちゅう》を探《さが》しに行《い》く。

ヤギの軽業師《かるわざし》

これは合成写真《ごうせいしゃしん》ではない。モロッコの**タムリ村《むら》のヤギたち**は、**大好《だいす》きな食《た》べ物《もの》を求《もと》めて**素《す》晴《ば》らしく軽《かろ》やかな身《み》のこなしを見《み》せる。ヤギたちは**アルガンの木《き》**に軽々《かるがる》とよじ登《のぼ》り、ジャンプして、大好物《だいこうぶつ》の実《み》にたどり着《つ》く。これは何百年《なんびゃくねん》も行《おこな》われているヤギの**習性《しゅうせい》**(の発《はっ》現《げん》)だ。

他《ほか》に作物《さくもつ》が育《そだ》たないこの土地《とち》で、アルガンの実《み》は貴重《きちょう》な収入源《しゅうにゅうげん》だ。ヤギは実《み》を飲《の》み込《こ》み、硬《かた》い種子《しゅし》をふんと一緒《いっしょ》に排泄《はいせつ》する。地元《じもと》の人《ひと》たちはそれを拾《ひろ》って種子《しゅし》を取《と》り出《だ》す。洗《あら》った種子《しゅし》を割《わ》り、中《なか》の胚《はい》をすりつぶして絞《しぼ》ると高価《こうか》なアルガンオイルが採取《さいしゅ》できる。アルガンオイルはサラダドレッシングや化粧品《けしょうひん》に使《つか》われる。

おいしいおやつ

2010年《ねん》にアルプスアイベックスの群《む》れが、イタリアのチンジーノ・ダムのほぼ垂直《すいちょく》の壁面《へきめん》を登《のぼ》っているのが目撃《もくげき》された。50mの高《たか》さをものともせず、身軽《みがる》なアイベックスたちは石壁《いしかべ》の表《ひょう》面《めん》の塩《しお》や地衣類《ちいるい》を食《た》べに来《き》たのだ。

オリーブに似《に》たアルガンの実《み》は、
食《た》べ物《もの》に乏《とぼ》しい地域《ちいき》に
うってつけの栄養源《えいようげん》だ。
タマリ村《むら》の
ヤギは高《たか》さ9mの
木《き》のてっぺんまで
登《のぼ》ることが
できる。
ヤギは好奇心《こうきしん》おうせいなので、
登《のぼ》って探検《たんけん》するのが
大好《だいす》きだ。

はやわかりリファレンス

ヤギは登《のぼ》るのが得意《とくい》だ。割《わ》れた蹄《ひづめ》を押《お》し広《ひろ》げて足場《あしば》をつかむことができるからだ。蹄《ひづめ》の内側《うちがわ》はものをつかみやすいように柔《やわ》らかくなっていて、偽蹄《ぎてい》は滑《すべ》り止《ど》めとして役立《やくだ》つ。

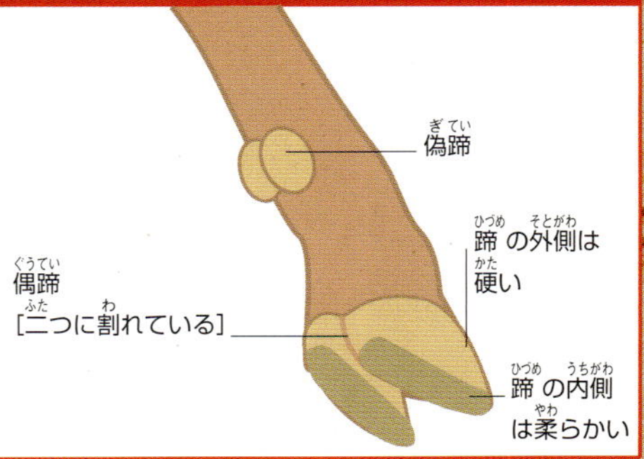
偽蹄《ぎてい》
蹄《ひづめ》の外側《そとがわ》は
硬《かた》い
偶蹄《ぐうてい》
[二《ふた》つに割《わ》れている]
蹄《ひづめ》の内側《うちがわ》
は柔《やわ》らかい

ダンス・フィーバー

マダガスカル島《とう》で一番《いちばん》のダンスの達人《たつじん》は**ベローシファカ**だ。**キツネザルの仲《なか》間《ま》**で、ユニークなフットワークで世界《せかい》的《てき》に有名《ゆうめい》になったが、この動《うご》きには本《ほん》当《とう》の目的《もくてき》がある。**天敵《てんてき》から逃《に》げやすい**ように、**くるりと向《む》きを変《か》え**ながら森《もり》を移動《いどう》しているのだ。

シファカは足《あし》が広《ひろ》がっているので、
4本足《ほんあし》で歩《ある》くのが難《むずか》しい。
そこで、後《うし》ろ足《あし》で立《た》ち横《よこ》っ飛《と》び
「ダンス」で素早《すばや》く移動《いどう》する。

ブタのビーチ

ブタは空《そら》を飛《と》べないけれど、海《うみ》を泳《およ》ぐことはできるのだ！　野生《やせい》のブタの家族《かぞく》が、バハマ諸島《しょとう》のビッグ・メジャー・ケイでのどかな島暮《しまぐ》らしを楽《たの》しんでいる。ブタたちは泳《およ》ぐのを日課《にっか》にしていて、人間《にんげん》が食《た》べ物《もの》を落《お》としてくれるのを期待《きたい》してボートに向《む》かう。昔《むかし》、船乗《ふなの》りが、後《あと》でごちそうにするつもりで島《しま》にブタを置《お》いていったが、二度《にど》と戻《もど》って来《こ》なかったと言《い》われている。

夜《よる》が明《あ》けると、ベローシファカのグループが、愉快《ゆかい》なダンスパフォーマンスを繰《く》り広《ひろ》げる。スイングしたり、飛《と》び跳《は》ねたり、横《よこ》っ飛《と》びしたりしながらえさ場《ば》に食《た》べ物《もの》を探《さが》しに行《い》くのだ。シファカたちは木《き》の上《うえ》の安全《あんぜん》な場所《ばしょ》まで来《く》るとようやくくつろぐことができ、この島《しま》固有《こゆう》のいろいろな植物《しょくぶつ》をむしゃむしゃ食《た》べる。

シファカは腕《うで》を高《たか》く上《あ》げて
バランスをとっている。
軽《かろ》やかに跳《は》ねるような足取《あしど》りで、
天敵《てんてき》に襲《おそ》われても
さっと逃《に》げられる。

ベローシファカは、独特《どくとく》のやかましい鳴《な》き声《ごえ》が「シファーク」と聞《き》こえることから名《な》づけられた。

はやわかりリファレンス

シファカが身軽《みがる》なのは地上《ちじょう》だけではない。強力《きょうりょく》な後《うし》ろ足《あし》と直立《ちょくりつ》の姿勢《しせい》を利用《りよう》して木《き》から木《き》へと飛《と》び移《うつ》り、９m以上《いじょう》の距離《きょり》もひとっ飛《と》びだ。

飛《と》ぶ鳥《とり》を落《お》とす？

一見《いっけん》、この写真《しゃしん》は、**鳥《とり》と獣《けもの》**が種《しゅ》を超《こ》えて**驚《おどろ》くべき友情《ゆうじょう》**を育《はぐく》んでいるかのように見《み》える。イタチがキツツキの背《せ》に**乗《の》せてもらい**、仲良《なかよ》く空《そら》を飛《と》んでいるようだ。奇《く》しくもカメラがキャッチしたのは、**獣《けもの》による究極《きゅうきょく》の空襲《くうしゅう》**なのだ。

この衝撃的《しょうげきてき》な写真《しゃしん》が撮《と》られた場所《ばしょ》に今《いま》では案内板《あんないばん》が立《た》っている。

動物《どうぶつ》の同盟《どうめい》

敵《てき》と戦《たたか》うよりも友達《ともだち》を作《つく》るのが動物《どうぶつ》の世界《せかい》なのかもしれない。アイルランドでは、犬《いぬ》のベンとイルカのダギーが仲良《なかよ》く泳《およ》いでいるし、猫《ねこ》のファムとフクロウのゲブラが一緒《いっしょ》に遊《あそ》んでいる動画《どうが》は、ユーチューブで数百万人《すうひゃくまんにん》に視《し》聴《ちょう》されている。

この写真《しゃしん》は、マーティン・ルメイというアマチュア写真家《しゃしんか》が、2015年《ねん》にイギリス、ロンドンのホーンチャーチ・カントリー・パークで撮影《さつえい》したものだが、写真《しゃしん》では語《かた》られていない物語《ものがたり》がある。イタチがキツツキを襲《おそ》い、キツツキが飛《と》び立《た》ってもイタチは断固《だんこ》としてあきらめなかった。そこで戦《たたか》いは空中戦《くうちゅうせん》に移《うつ》ったが、やがてイタチは落《お》っこちてキツツキは逃《に》げおおせたということだ。

コエゾイタチは肉食《にくしょく》で、
ウサギ、ネズミ、
カエル、鳥《とり》など、
大《おお》きな獲物《えもの》を襲《おそ》う。
ヨーロッパアオゲラは、
地上《ちじょう》でアリをついばむので
攻撃《こうげき》されやすい。

はやわかりリファレンス

コエゾイタチの体《からだ》は
大人《おとな》の手《て》のひらより
わずかに大《おお》きい。
尾《お》は最長《さいちょう》で
8cmだ。

コエゾイタチは食肉類《しょくにくるい》で世界最小《せかいさいしょう》だ。体長《たいちょう》わずか11～26cm、体重《たいじゅう》は最小《さいしょう》で25gだが、自分《じぶん》の体重《たいじゅう》の10倍《ばい》もある獲物《えもの》をしとめることが知《し》られている。ヨーロッパ、北米《ほくべい》、アジアの一部《いちぶ》などに生息《せいそく》する。

スーパー・パパ

たいていの生《い》き物《もの》では、出産《しゅっさん》とは**メス**がするものだ。ところがタツノオトシゴの**繁殖《はんしょく》**は**ややこしい**。このへんてこりんな姿《すがた》をした魚《さかな》の場合《ばあい》、**妊娠《にんしん》と出産《しゅっさん》を経験《けいけん》する**のは**オス**なのだ。メスのタツノオトシゴたちはさぞかしほっとしていることだろう！

タツノオトシゴの赤《あか》ちゃん(稚魚《ちぎょ》)は、育児嚢《いくじのう》の孔《あな》から出《で》てくる。
筋肉《きんにく》を収縮《しゅうしゅく》させて稚魚《ちぎょ》を育児嚢《いくじのう》から排出《はいしゅつ》する。
このオスの育児嚢《いくじのう》は稚魚《ちぎょ》で膨《ふく》れている。小型《こがた》の種《しゅ》では50匹《びき》ほど、大型《おおがた》の種《しゅ》では最大《さいだい》2,000匹《びき》の稚魚《ちぎょ》を育《そだ》てる。

サメの出産《しゅっさん》

サメの一種《いっしゅ》のラブカは、妊娠期間《にんしんきかん》が最《もっと》も長《なが》い動物《どうぶつ》だ。卵《らん》胎生《たいせい》で、親《おや》の体内《たいない》で卵《たまご》が孵化《ふか》する。その後《ご》、仔魚《しぎょ》は母親《ははおや》の体内《たいない》で成長《せいちょう》し、３年半《ねんはん》も経《た》ってからようやく生《う》まれてくる。

タツノオトシゴの卵《たまご》はメスの体内《たいない》で作《つく》られる。オスとメスが尾《お》をからませ長《なが》い求愛《きゅうあい》ダンスを繰《く》り広《ひろ》げた後《あと》、メスはオスの袋《ふくろ》(育児嚢《いくじのう》)に産卵《さんらん》する。オスは卵《たまご》を受精《じゅせい》させ、袋《ふくろ》の中《なか》で卵《たまご》がかえる。仔魚《しぎょ》が酸素《さんそ》から食料《しょくりょう》まで必要《ひつよう》なものをすべて摂《と》り入《い》れて稚魚《ちぎょ》になるまで、妊娠期間《にんしんきかん》は最長《さいちょう》4週間《しゅうかん》だ。

大人《おとな》になるまで生《い》き残《のこ》れる稚魚《ちぎょ》は1,000匹中《びきちゅう》5匹《ひき》もいない。

はやわかりリファレンス

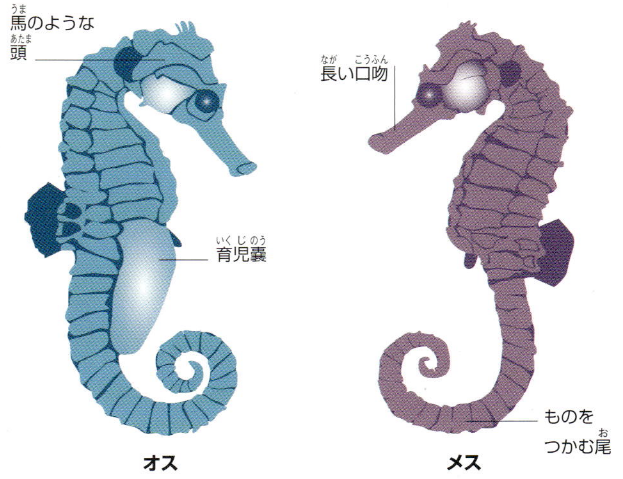
馬《うま》のような頭《あたま》
長《なが》い口吻《こうふん》
育児嚢《いくじのう》
ものをつかむ尾《お》
オス
メス

タツノオトシゴは、温《あたた》かく浅《あさ》い海《うみ》に生息《せいそく》する海水魚《かいすいぎょ》で世界中《せかいじゅう》に分布《ぶんぷ》する。鱗《うろこ》はなく、骨《ほね》のような甲板《こうはん》が体《からだ》を守《まも》っている。泳《およ》ぎは下手《へた》だが、尾《お》を海藻《かいそう》に巻《ま》きつけて体《からだ》を固定《こてい》し、長《なが》い口吻《こうふん》でプランクトンを吸《す》い上《あ》げる。

地球最大《ちきゅうさいだい》の海中《かいちゅう》ショー

毎年《まいとし》、南《みなみ》アフリカ共和国《きょうわこく》の東海岸《ひがしかいがん》に沿《そ》って、数十億匹《すうじゅうおくひき》のイワシたちが**壮大**《そうだい》**な群**《む》**れ**となって移動《いどう》し、それを追《お》う腹《はら》ペコの捕食者《ほしょくしゃ》たちと、**ど迫力**《はくりょく》**のスペクタクル**を繰《く》り広《ひろ》げる。イワシの大回遊《だいかいゆう》「**サーディン・ラン**」は危険《きけん》がいっぱいで、これほどの**大回遊**《だいかいゆう》を行《おこな》う理由《りゆう》はわかっていない。

クジラの回遊《かいゆう》

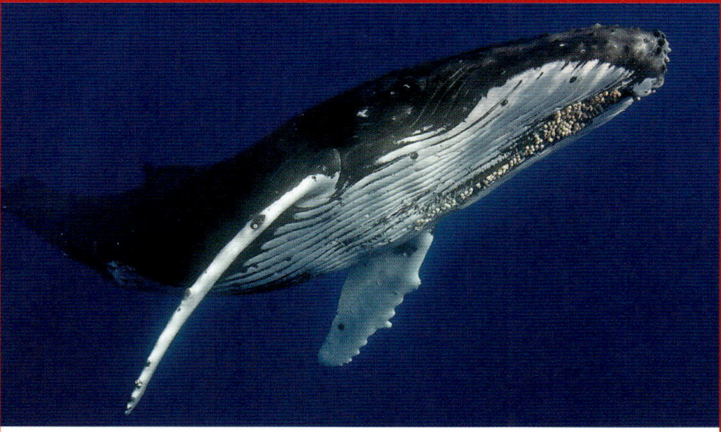

ちっちゃいイワシからでっかいクジラまで、さまざまな海《うみ》の生《い》き物《もの》が回遊《かいゆう》(海《うみ》の生《い》き物《もの》による大移動《だいいどう》)する。ザトウクジラは哺乳類《ほにゅうるい》の移動最長記録《いどうさいちょうきろく》を持《も》ち、コスタリカ沿岸《えんがん》の太平洋《たいへいよう》からはるばる南極海《なんきょくかい》まで8,300kmの距離《きょり》を移動《いどう》する。

ベイト・ボールは直径《ちょっけい》**10～20mで、普通**《ふつう》**10～20分間**《ぷんかん》**だけ形成**《けいせい》**される。**

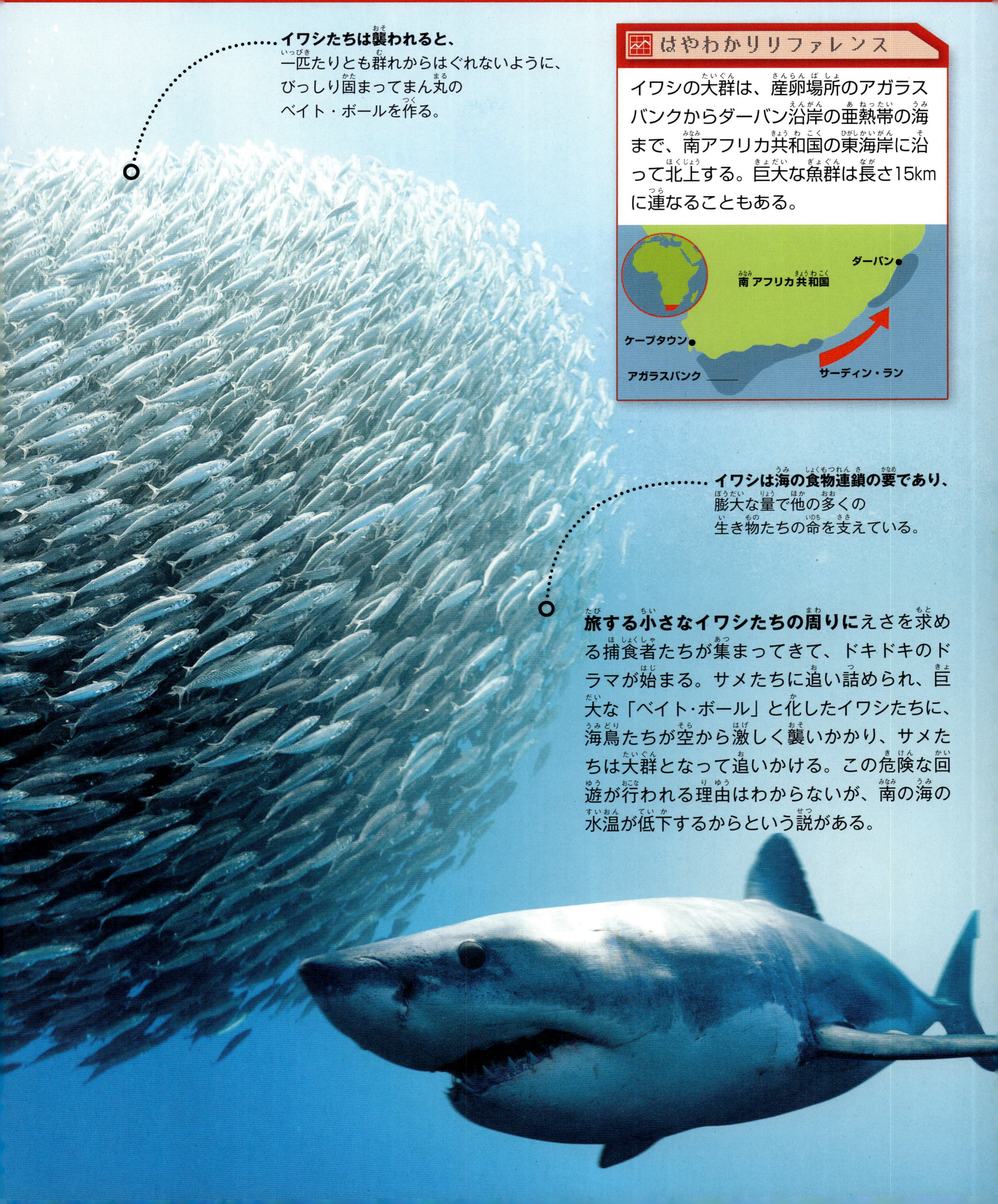

イワシたちは襲《おそ》われると、
一匹《いっぴき》たりとも群《む》れからはぐれないように、
びっしり固《かた》まってまん丸《まる》の
ベイト・ボールを作《つく》る。

はやわかりリファレンス

イワシの大群《たいぐん》は、産卵場所《さんらんばしょ》のアガラスバンクからダーバン沿岸《えんがん》の亜熱帯《あねったい》の海《うみ》まで、南《みなみ》アフリカ共和国《きょうわこく》の東海岸《ひがしかいがん》に沿《そ》って北上《ほくじょう》する。巨大《きょだい》な魚群《ぎょぐん》は長《なが》さ15kmに連《つら》なることもある。

イワシは海《うみ》の食物連鎖《しょくもつれんさ》の要《かなめ》であり、
膨大《ぼうだい》な量《りょう》で他《ほか》の多《おお》くの
生《い》き物《もの》たちの命《いのち》を支《ささ》えている。

旅《たび》する小《ちい》さなイワシたちの周《まわ》りにえさを求《もと》める捕食者《ほしょくしゃ》たちが集《あつ》まってきて、ドキドキのドラマが始《はじ》まる。サメたちに追《お》い詰《つ》められ、巨大《きょだい》な「ベイト・ボール」と化《か》したイワシたちに、海鳥《うみどり》たちが空《そら》から激《はげ》しく襲《おそ》いかかり、サメたちは大群《たいぐん》となって追《お》いかける。この危険《きけん》な回遊《かいゆう》が行《おこな》われる理由《りゆう》はわからないが、南《みなみ》の海《うみ》の水温《すいおん》が低下《ていか》するからという説《せつ》がある。

真《ま》っ暗闇《くらやみ》の魔物《まもの》たち

深海《しんかい》で開《ひら》かれている**魔物《まもの》たちのパーティー**をのぞいてみよう。真《ま》っ暗闇《くらやみ》の**海《うみ》の底《そこ》**でこんな**妖怪《ようかい》たち**に出《で》くわしたら、君《きみ》ならどうするだろう？

ピンクの幽霊《ゆうれい》
消化器官《しょうかきかん》まで見《み》えるほどスケスケ! このユメナマコ[学名《がくめい》 *Enypniastes eximia*（エニプニアステス・エクシミア）]は泳《およ》ぎの名手《めいしゅ》で、海底《かいてい》の堆積物《たいせきぶつ》をえさとし、口《くち》の周《まわ》りの触手《しょくしゅ》を使《つか》って食《た》べる。

エイリアン出現《しゅつげん》！

恐《おそ》ろしい姿《すがた》をしたミツマタヤリウオ。鱗《うろこ》がなく、ばかでかい顎《あご》と鋭《するど》い歯《は》を持《も》つこの魚《さかな》は、光《ひかり》を灯《とも》して小型《こがた》の魚《さかな》や甲殻類《こうかくるい》をおびき寄《よ》せ、捕《と》らえた獲物《えもの》は絶対《ぜったい》に放《はな》さない。

ぺしゃんこなタコ

タコはタコでもメンダコは全然《ぜんぜん》おいしそうじゃない！　脚《あし》の部分《ぶぶん》が押《お》しつぶされたように広《ひろ》がっているので、他《ほか》のタコに比《くら》べ平《ひら》べったく見《み》える。

奇怪《きかい》な牙《きば》

その異様《いよう》な形相《ぎょうそう》からオニキンメと名《な》づけられたこの魚《さかな》は、学名《がくめい》を *Anoplogaster cornuta*(アノプロガスター・コルヌタ)といい、硬《かた》く骨《ほね》ばった体《からだ》つきだ。体《からだ》に比《くら》べこれほど長《なが》い牙《きば》を持《も》つ魚《さかな》は他《ほか》にない。

神秘《しんぴ》の
自然現象《しぜんげんしょう》

自然《しぜん》がその壮大《そうだい》な力《ちから》を思《おも》いっきり振《ふ》るう時《とき》、奇跡《きせき》のような現象《げんしょう》が起《お》こる。巨大《きょだい》な暴風雨《ぼうふうう》が空《そら》を引《ひ》き裂《さ》き、砂嵐《すなあらし》がすべてを埋《う》め尽《つ》くし、燃《も》える竜巻《たつまき》は大殺《だいさつ》りくを行《おこな》う。その一方《いっぽう》で、砂漠《さばく》をさまよう岩《いわ》、稲妻《いなずま》に削《けず》られた風変《ふうが》わりな砂《すな》の彫刻《ちょうこく》など、神秘的《しんぴてき》な自然《しぜん》の力《ちから》はあらゆるものに宿《やど》っている。

環水平《かんすいへい》アークは、夏《なつ》、上空《じょうくう》の薄《うす》い雲《くも》の中《なか》にある、平《ひら》たい六角柱《ろっかくちゅう》の形《かたち》をした氷《こおり》の結晶《けっしょう》が作《つく》り出《だ》す現象《げんしょう》だ。太陽光線《たいようこうせん》が、ある特定《とくてい》の角度《かくど》で氷《こおり》の結晶《けっしょう》に進入《しんにゅう》した時《とき》だけこの虹《にじ》が見《み》られる。

氷《こおり》の魔法《まほう》

雷鳴《らいめい》を轟《とどろ》かせる大嵐《おおあらし》のような激《はげ》しさはないけれど、**目《め》の覚《さ》めるような**光景《こうけい》を作《つく》り出《だ》す嵐《あらし》がある。**アイスストーム**は**過冷却状態《かれいきゃくじょうたい》**(0℃以下《いか》でも凍《こお》らず液体《えきたい》のままの状態《じょうたい》)の**雨《あめ》**が、地面《じめん》やものに触《ふ》れた衝撃《しょうげき》で凍《こお》りつく現象《げんしょう》で、あたり一面《いちめん》を**童話《どうわ》のような氷《こおり》の世界《せかい》**に変《か》える。

たった5分間《ふんかん》の嵐《あらし》が車《くるま》や樹々《きぎ》を氷《こおり》の彫刻《ちょうこく》に変《か》えた。

雨氷《うひょう》の被害《ひがい》

アイスストームの通過後《つうかご》にすべてをおおい尽《つ》くす雨氷《うひょう》の層《そう》は、非常《ひじょう》に厚《あつ》く重《おも》いので、送電線《そうでんせん》の鉄塔《てっとう》がぐにゃりと曲《ま》がってしまうこともある。

はやわかりリファレンス

雨《あめ》
氷《こおり》の粒《つぶ》が暖《あたた》かい空気《くうき》の層《そう》を通過《つうか》すると、融《と》けて雨《あめ》が降《ふ》る。

雨氷《うひょう》
氷《こおり》の粒《つぶ》が暖《あたた》かい空気《くうき》の層《そう》で融《と》けた後《あと》、地上近《ちじょうちか》くの冷《つめ》たい空《くう》気《き》の層《そう》で急速《きゅうそく》に冷《ひ》やされると、ものに触《ふ》れて凍結《とうけつ》(着氷《ちゃくひょう》)する。

みぞれ
氷《こおり》の粒《つぶ》が暖《あたた》かい空気《くうき》の層《そう》を通《つう》過《か》して融《と》けかかり、地上《ちじょう》に落《お》ちる前《まえ》に再《ふたた》び凍結《とうけつ》すると、雨《あめ》まじりの雪《ゆき》となって降《ふ》る。

雪《ゆき》
氷《こおり》の粒《つぶ》が冷《つめ》たい空気《くうき》の層《そう》を通過《つうか》すると、雪《ゆき》となって降《ふ》る。

木《き》から下《さ》がるつららは、
ジュネーブ湖《こ》から吹《ふ》き付《つ》ける風《かぜ》の向《む》きに傾《かたむ》いている。

道路《どうろ》や歩道《ほどう》が危険《きけん》なスケートリンクになる。

アイスストームは珍《めずら》しい現象《げんしょう》で、暖《あたた》かい空気《くうき》の層《そう》を通《とお》りぬけた雨《あめ》が、地上近《ちじょうちか》くで冷《つめ》たい空気《くうき》の層《そう》を通《とお》る場合《ばあい》に生《しょう》じる。雨《あめ》はぶつかると凍結《とうけつ》し、触《ふ》れたものすべてを厚《あつ》い氷《こおり》でおおい尽《つ》くす。この写真《しゃしん》は、2012年《ねん》にスイスのジュネーブ湖《こ》で発生《はっせい》したアイスストームの様子《ようす》だ。

さまよう岩《いわ》たち

アメリカで**一番《いちばん》暑《あつ》い**国立公園《こくりつこうえん》のデスバレーは、**人気《にんき》も抜群《ばつぐん》**だ。人里離《ひとざとはな》れた砂漠《さばく》の景色《けしき》は『スター・ウォーズ』をはじめとするSF《エスエフ》映画《えいが》の**背景《はいけい》にうってつけ**だが、ここでは物語《ものがたり》よりも奇妙《きみょう》な現象《げんしょう》が起《お》こっている。あろうことか、重《おも》たい岩《いわ》が**勝手《かって》に動《うご》き回《まわ》る**のだ。磁場《じば》から宇《う》宙人《ちゅうじん》までいろいろな説《せつ》があったが、最近《さいきん》になって真実《しんじつ》がようやく明《あき》らかになった。

1948年《ねん》以来《いらい》、岩《いわ》という岩《いわ》を片《かた》っ端《ぱし》からひっくり返《かえ》し、科学的《かがくてき》な研究《けんきゅう》が行《おこな》われてきた。2014年《ねん》に岩《いわ》が動《うご》いているところをカメラが捉《とら》え、ついに謎《なぞ》が解明《かいめい》された。いたずらの犯人《はんにん》は浮氷《ふひょう》だったのだ。降《ふ》った雨《あめ》が夜間《やかん》の冷《ひ》え込みで地面《じめん》に薄《うす》い氷《こおり》の板《いた》を形成《けいせい》し、夜《よ》が明《あ》けると氷《こおり》は日光《にっこう》で融《と》けてバラバラになる。風《かぜ》が吹《ふ》いて氷《こおり》を押《お》すと、岩《いわ》は氷《こおり》と一緒《いっしょ》に運《はこ》ばれて、別《べつ》の場《ば》所《しょ》に移動《いどう》するのだ。

岩《いわ》は毎分《まいふん》2～6m移動《いどう》するが、砂漠《さばく》では、その動《うご》きを肉眼《にくがん》で捉《とら》えるのは難《むずか》しい。

石《いし》のおきて

写真《しゃしん》は花崗岩《かこうがん》でできた巨大《きょだい》な石板《せきばん》で、アメリカのジョージア州《しゅう》エルバート郡《ぐん》にある。1979年《ねん》に出現《しゅつげん》した謎《なぞ》だらけのこの石板《せきばん》はジョージア・ガイドストーンと呼《よ》ばれ、無《む》駄《だ》な役人《やくにん》をなくすこと、自然《しぜん》のための余地《よち》を残《のこ》すことなどを含《ふく》め、人々《ひとびと》が従《したが》うべき10の教《おし》えが刻《きざ》まれている。誰《だれ》が教《おし》えを書《か》いたのかも、誰《だれ》が石碑《せきひ》を設置《せっち》したのかも、全《まった》くわかっていない。

「死《し》の谷《たに》《デスバレー》」
という名前《なまえ》だが、
400種《しゅ》以上《いじょう》の
動物《どうぶつ》が生息《せいそく》
している。

レーストラック・プラヤは
デスバレーにある干上《ひあ》がった湖《みずうみ》で、
周辺《しゅうへん》の山《やま》から落《お》ちてきた大《おお》きな
岩《いわ》があちこちにある。

当初《とうしょ》、強風《きょうふう》が岩《いわ》を動《うご》かしている
という**説《せつ》があったが**、ハリケーン
並《な》みの突風《とっぷう》でないと、大《おお》きな岩《いわ》の
重《おも》みには勝《か》てない。

移動《いどう》する岩《いわ》には300kgを
超《こ》えるものもあり、
急《きゅう》カーブしたり、
方向転換《ほうこうてんかん》したりしている。

はやわかりリファレンス

浮遊《ふゆう》する氷《こおり》の板《いた》を風《かぜ》が押《お》す。
風《かぜ》
氷《こおり》に挟《はさ》まれた岩《いわ》は前方《ぜんぽう》に動《うご》く。
浅《あさ》い水《みず》
岩《いわ》の重《おも》みで軌跡《きせき》が残《のこ》る。

雨《あめ》が降《ふ》るとプラヤに浅《あさ》く水《みず》が張《は》り、夜間《やかん》の冷《ひ》え込《こ》みでその水《みず》が凍《こお》る。夜《よ》が明《あ》けて気温《きおん》が急速《きゅうそく》に上昇《じょうしょう》すると、薄《うす》い氷《こおり》の板《いた》が割《わ》れてバラバラになり水《みず》の表面《ひょうめん》に浮《う》く。そこへ風《かぜ》が吹《ふ》き付《つ》けて、氷《こおり》の板《いた》を押《お》す。氷《こおり》の板《いた》に挟《はさ》まった岩《いわ》は、浮遊《ふゆう》する氷《こおり》(浮氷《ふひょう》)によって楽々《らくらく》と運《はこ》ばれ、泥《どろ》に軌跡《きせき》を残《のこ》しながら移動《いどう》する。

街《まち》を飲《の》み込《こ》む
砂嵐《すなあらし》

自然《しぜん》は恐《おそ》ろしい**力《ちから》**を見《み》せつけることがある。激《はげ》しい砂塵嵐《さじんあらし》が吹《ふ》き荒《あ》れ、雲《くも》のように空《そら》をおおい隠《かく》すと、逃《のが》れようのない、**息苦《いきぐる》しい嵐《あらし》**の中《なか》に何《なに》もかもが飲《の》み込《こ》まれる。大量《たいりょう》の砂《すな》や土《つち》が強風《きょうふう》に吹《ふ》き上《あ》げられて舞《ま》い上《あ》がり、嵐《あらし》の後《あと》には**荒《あ》れ果《は》てた街《まち》**が残《のこ》される。

はやわかりリファレンス

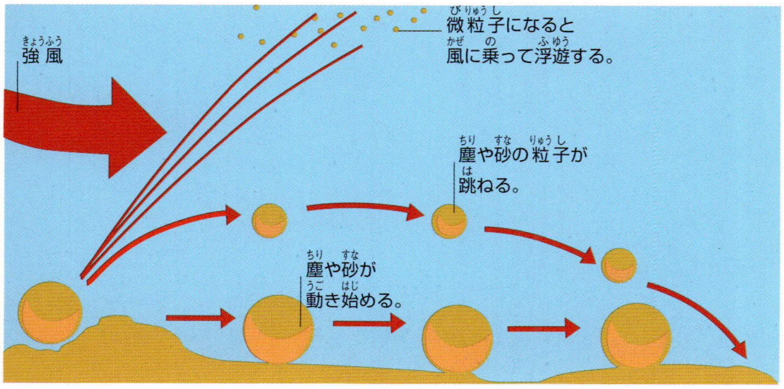

強風《きょうふう》が塵《ちり》や砂《すな》を吹《ふ》き飛《と》ばす。塵《ちり》や砂《すな》の粒《つぶ》は地《じ》面《めん》を転《ころ》がり、やがて跳《は》ね始《はじ》める。細《こま》かい粒《つぶ》に分《わ》かれると、風《かぜ》によって吹《ふ》き上《あ》げられる。

乾季《かんき》には砂《すな》や土《つち》が乾燥《かんそう》してバラバラになっているので、砂塵嵐《さじんあらし》が最《もっと》も発生《はっせい》しやすい。大波《おおなみ》のような砂嵐《すなあらし》が風《かぜ》に運《はこ》ばれて街全体《まちぜんたい》を包《つつ》むことがあり、住民《じゅうみん》が息苦《いきぐる》しさを訴《うった》えたり、建物《たてもの》が被害《ひがい》を受《う》ける。2009年《ねん》３月《がつ》、写真《しゃしん》の巨大《きょだい》な砂塵嵐《さじんあらし》が、サウジアラビア王国《おうこく》の砂漠《さばく》の街《まち》リヤドを襲《おそ》った。嵐《あらし》が去《さ》った後《あと》、街《まち》の一部《いちぶ》は何《なん》トンもの砂《すな》に埋《う》もれていた。

ダストデビル（塵《ちり》の悪魔《あくま》／塵旋風《じんせんぷう》）

ミニ竜巻《たつまき》のようなダストデビルは、塵旋《じんせん》風《ぷう》とも呼ばれる小型《こがた》のつむじ風《かぜ》のことで、地表付近《ちひょうふきん》の空気《くうき》が塵《ちり》を舞《ま》い上《あ》げながら渦《うず》巻《ま》き状《じょう》に立《た》ち上《あ》がる現象《げんしょう》だ。ダストデビル（塵《ちり》の悪魔《あくま》）という名前《なまえ》ほど危険《きけん》はなく、普通《ふつう》は数分《すうふん》でやみ、被害《ひがい》はめったにない。

2009年《ねん》
3月《がつ》10日《とうか》に発生《はっせい》した
この巨大《きょだい》な嵐《あらし》により
リヤドは視界《しかい》ゼロ
になった。

管制塔《かんせいとう》と滑走路《かっそうろ》に塵《ちり》が
厚《あつ》く積《つ》もったため、
リヤド空港《くうこう》は一時閉鎖《いちじへいさ》された。

雷《かみなり》の化石《かせき》

穴《あな》があくほど見《み》つめていても、写真《しゃしん》の**奇妙《きみょう》な物体《ぶったい》**がいったい何《なん》なのか、言《い》い当《あ》てることはできないだろう。これは**閃電岩《せんでんがん》**と呼《よ》ばれ、雷《かみなり》が地球《ちきゅう》に落《お》ちてできた、**めったに見《み》られない驚《おどろ》き**のオブジェなのだ。

永遠《えいえん》の嵐《あらし》

ベネズエラのカタトゥンボ川《がわ》には嵐《あらし》の前《まえ》の静《しず》けさが訪《おとず》れることはない。ここでは独特《どくとく》の雲《くも》が形成《けいせい》されるために「終《お》わりない嵐《あらし》」が荒《あ》れ狂《くる》い、一年間《いちねんかん》に120万回《まんかい》もの落雷《らくらい》が発生《はっせい》する。「カタトゥンボの雷《かみなり》」として知《し》られるこの驚《おどろ》くべき光《ひかり》のショーは、400km離《はな》れた場所《ばしょ》からでも見《み》える。

閃電岩《せんでんがん》は、温度《おんど》1,800℃以上《いじょう》の稲妻《いなずま》が砂《すな》や岩《いわ》に落《お》ちた時《とき》に形成《けいせい》される。熱《ねつ》が当《あ》たった瞬間《しゅんかん》に砂《すな》や岩《いわ》に含《ふく》まれるガラス質《しつ》の物質《ぶっしつ》が融《と》けて粒子《りゅうし》が結合《けつごう》し、稲妻《いなずま》の形《かたち》をした天然《てんねん》のガラス管《かん》が地下《ちか》深《ふか》くにできるのだ。長《なが》い時間《じかん》をかけて、閃電岩《せんでんがん》の周《まわ》りの砂《すな》が移動《いどう》すると、壊《こわ》れやすいガラス管《かん》が地表《ちひょう》に現《あらわ》れる。砂漠《さばく》で多《おお》く産出《さんしゅつ》されていることからわかるように、ほとんどの閃電岩《せんでんがん》は砂《すな》でできている。

枝《えだ》のような形《かたち》をした砂《すな》の閃電岩《せんでんがん》は、外側《そとがわ》は砂《すな》の粒子《りゅうし》でおおわれてザラザラしているが、内側《うちがわ》はガラスに似《に》てすべすべしている。

落雷《らくらい》の後《あと》、砂《すな》は急速《きゅうそく》に
冷却《れいきゃく》して固《かた》まり、閃電岩《せんでんがん》ができる。
大《おお》きさは落雷《らくらい》のパワーと
砂《すな》の深《ふか》さによって異《こと》なる。

閃電岩《せんでんがん》は、
ラテン語《ご》で「稲妻《いなずま》」
を意味《いみ》する「fulgur」
からフルグライトとも
呼《よ》ばれている。

はやわかりリファレンス

閃電岩《せんでんがん》の最長記録《さいちょうきろく》は、1996年《ねん》にアメリカのフロリダ大学《だいがく》の研究者《けんきゅうしゃ》に掘《ほ》り出《だ》されたものだ。二《ふた》つに枝分《えだわ》かれしていて、長《なが》いほうの先《さき》まで5mもあった。

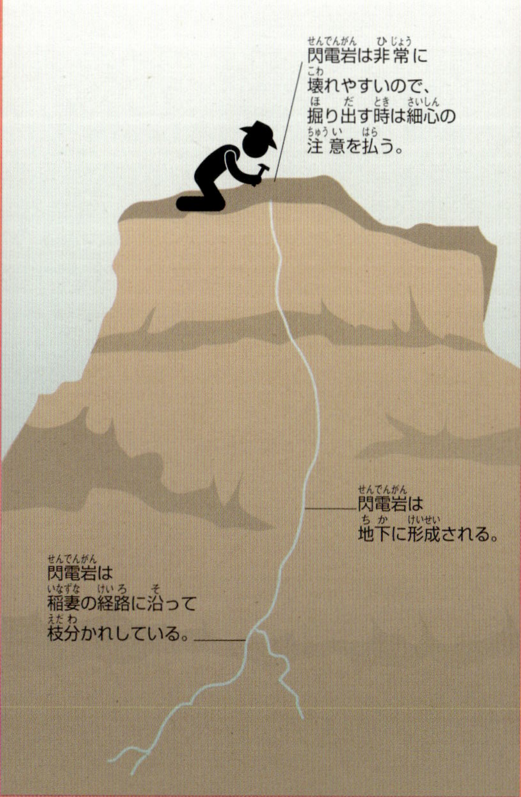
閃電岩《せんでんがん》は非常《ひじょう》に
壊《こわ》れやすいので、
掘《ほ》り出《だ》す時《とき》は細心《さいしん》の
注意《ちゅうい》を払《はら》う。
閃電岩《せんでんがん》は
地下《ちか》に形成《けいせい》される。
閃電岩《せんでんがん》は
稲妻《いなずま》の経路《けいろ》に沿《そ》って
枝分《えだわ》かれしている。

スーパーストーム

普通《ふつう》、**上昇気流《じょうしょうきりゅう》**が発達《はったつ》して嵐《あらし》になるが、とくに最《もっと》も激《はげ》しく高速《こうそく》な嵐《あらし》を**スーパーセル**と呼《よ》ぶ。スーパーセルはめったに発生《はっせい》しないが、長時間続《ちょうじかんつづ》き非常《ひじょう》に危険《きけん》だ。荒《あ》れ狂《くる》う竜巻《たつまき》や特大《とくだい》のひょう、激《はげ》しい強風《きょうふう》、鉄《てっ》砲水《ぼうみず》などを伴《ともな》い、**途方《とほう》もない被害《ひがい》**をもたらす。

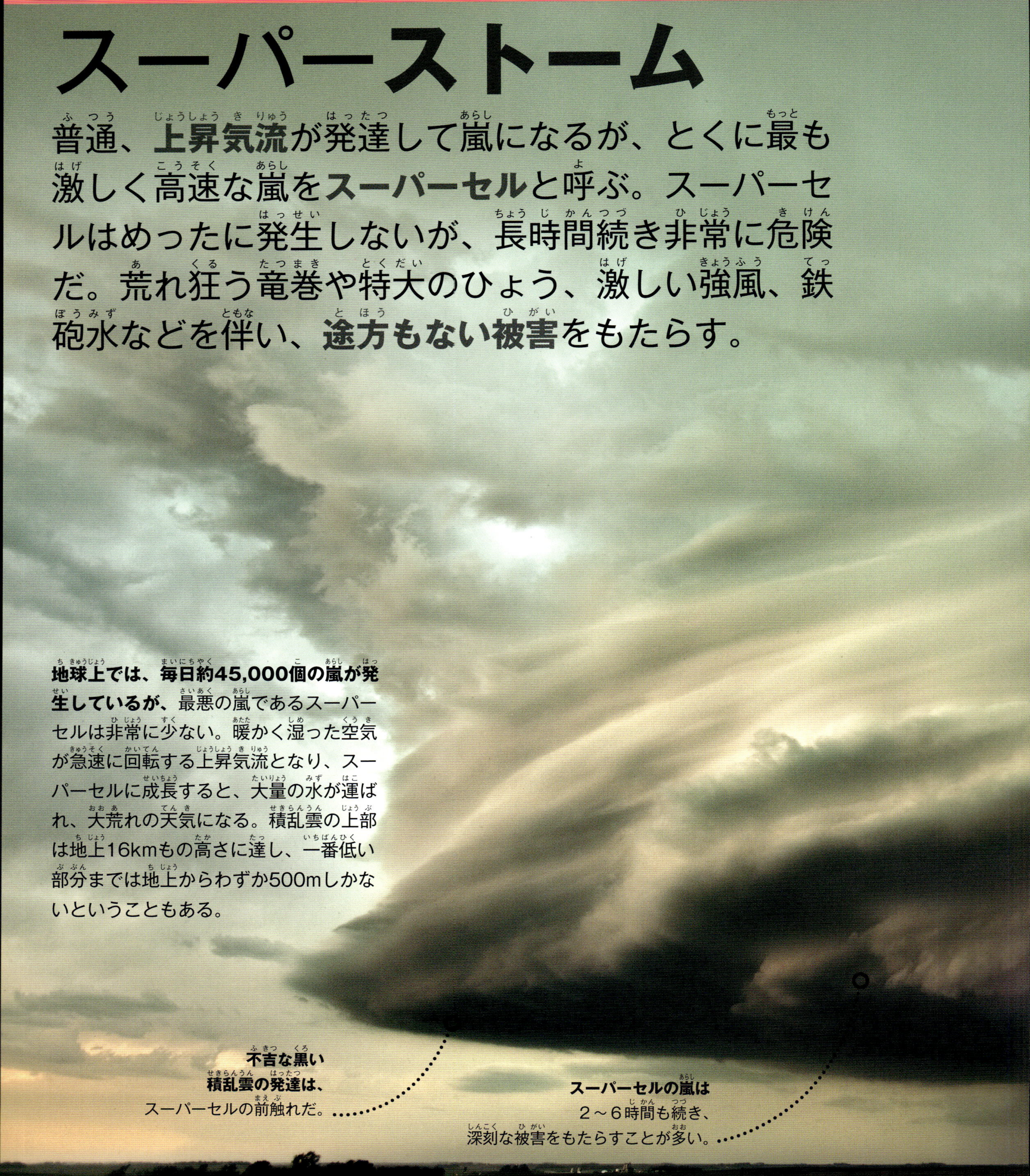

地球上《ちきゅうじょう》では、毎日約《まいにちやく》45,000個《こ》の嵐《あらし》が発《はっ》生《せい》しているが、最悪《さいあく》の嵐《あらし》であるスーパーセルは非常《ひじょう》に少《すく》ない。暖《あたた》かく湿《しめ》った空気《くうき》が急速《きゅうそく》に回転《かいてん》する上昇気流《じょうしょうきりゅう》となり、スーパーセルに成長《せいちょう》すると、大量《たいりょう》の水《みず》が運《はこ》ばれ、大荒《おおあ》れの天気《てんき》になる。積乱雲《せきらんうん》の上部《じょうぶ》は地上《ちじょう》16kmもの高《たか》さに達《たっ》し、一番低《いちばんひく》い部分《ぶぶん》までは地上《ちじょう》からわずか500mしかないということもある。

不吉《ふきつ》な黒《くろ》い積乱雲《せきらんうん》の発達《はったつ》は、スーパーセルの前触《まえぶ》れだ。

スーパーセルの嵐《あらし》は2～6時間《じかん》も続《つづ》き、深刻《しんこく》な被害《ひがい》をもたらすことが多《おお》い。

はやわかりリファレンス

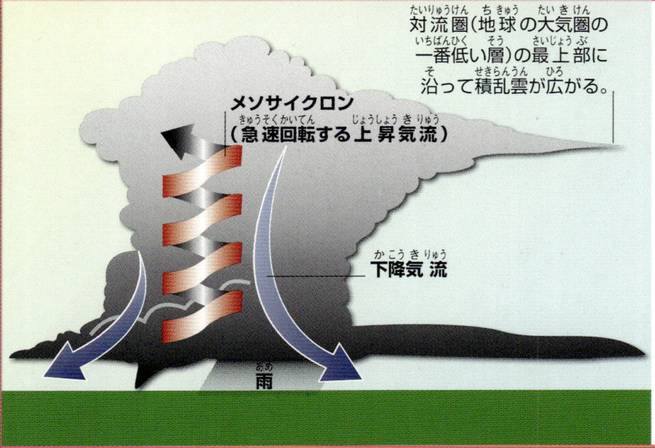

暖《あたた》かい上昇気流《じょうしょうきりゅう》が積乱雲《せきらんうん》に発達《はったつ》し、嵐《あらし》が形成《けいせい》される。冷《つめ》たい雨《あめ》が空気《くうき》を下降《かこう》させ、冷《つめ》たい下降《かこう》気流《きりゅう》が生《しょう》じる。上昇気流《じょうしょうきりゅう》よりも下降気流《かこうきりゅう》のほうが大《おお》きいと、嵐《あらし》は消滅《しょうめつ》する。スーパーセルでは上昇気流《じょうしょうきりゅう》と下降気流《かこうきりゅう》のバランスが保《たも》たれているので、嵐《あらし》は何時間《なんじかん》も続《つづ》くことになる。嵐《あらし》の中心《ちゅうしん》部《ぶ》のメソサイクロン(急速回転《きゅうそくかいてん》する上昇気流《じょうしょうきりゅう》)は膨大《ぼうだい》な量《りょう》の水分《すいぶん》を上方《じょうほう》に運《はこ》ぶので、雲《ぐも》はどんどん大《おお》きく成長《せいちょう》する。

稲妻《いなずま》は
約《やく》30,000℃で、
太陽《たいよう》の表面《ひょうめん》より
高温《こうおん》だ。

球電《きゅうでん》

スーパーセルの嵐《あらし》では、他《ほか》にも変《か》わったことが起《お》きる。明《あか》るく光《ひか》るボール状《じょう》の物体《ぶったい》が地上《ちじょう》から数《すう》メートルの高《たか》さに出現《しゅつげん》し、あたりを不《ふ》規則《きそく》に飛《と》び跳《は》ねるのが目撃《もくげき》されている。球電《きゅうでん》と呼《よ》ばれるこの現象《げんしょう》の原因《げんいん》について、科学者《かがくしゃ》の間《あいだ》でさまざまな説《せつ》がある。

異様《いよう》な空模様《そらもよう》

異常気象《いじょうきしょう》は気象学者《きしょうがくしゃ》にとって予測《よそく》が難《むずか》しく、壊滅的《かいめつてき》な被害《ひがい》をもたらすことが多《おお》い。

殺《ころ》し屋《や》カトリーナ
2005年《ねん》にアメリカ南東部《なんとうぶ》を襲《おそ》ったハリケーンは、時速《じそく》280kmの最大《さいだい》風速《ふうそく》を記録《きろく》し、死者《ししゃ》約《やく》2,000人《にん》にのぼるアメリカ最悪《さいあく》の自然災害《しぜんさいがい》となった。

渦《うず》巻《ま》く竜《りゅう》
毎年《まいとし》1,200本《ぼん》以上《いじょう》の竜巻《たつまき》がアメリカ各《かく》地《ち》で暴《あば》れ回《まわ》る。移動速度《いどうそくど》は時速《じそく》100kmに達《たっ》することもあり、竜巻《たつまき》の通《とお》り道《みち》はめちゃめちゃに壊《こわ》される。次《つぎ》に竜巻《たつまき》が多《おお》いのはカナダで、写真《しゃしん》はマニトバ州《しゅう》エリーを襲《おそ》った竜巻《たつまき》だ。

荒《あら》ぶる海《うみ》

2004年《ねん》12月《がつ》26日《にち》、スマトラ島沖《とうおき》の超巨大地震《ちょうきょだいじしん》の影響《えいきょう》で、インド洋津波《ようつなみ》が南《みなみ》アジアに突《とつ》然《ぜん》押《お》し寄《よ》せ、史上最悪《しじょうさいあく》の被害《ひがい》をもたらした。巨大《きょだい》な波《なみ》が沿《えん》岸《がん》地域《ちいき》を破壊《はかい》し尽《つ》くし、死者《ししゃ》は20万人以上《まんにんいじょう》、行方不明者《ゆくえふめいしゃ》は数万人《すうまんにん》にのぼる。

ひょうに注意《ちゅうい》

2003年《ねん》、アメリカのニューメキシコ州《しゅう》の町《まち》モーゼズで発生《はっせい》した嵐《あらし》は、ゴルフボール大《だい》のひょうを降《ふ》らせた。巨大《きょだい》なひょうは車《くるま》の窓《まど》ガラスを簡単《かんたん》に割《わ》り、人《ひと》に当《あ》たればけがをすることもある。

死《し》のシャワー

空《そら》から、カエル、コウモリ、魚《さかな》、虫《むし》、クラゲ、毛虫《けむし》など、さまざまなものが降《ふ》ってくる。強風《きょうふう》により浅《あさ》い池《いけ》から巻《ま》き上《あ》げられた生《い》き物《もの》が、地面《じめん》に落《お》ちてくることがあるのだ。アメリカのアーカンソー州《しゅう》では、2011年《ねん》に数千羽《すうせんば》の鳥《とり》の死体《したい》が空《そら》から降《ふ》ってくるというミステリーがあった。

最強《さいきょう》のコンビ

自然現象《しぜんげんしょう》の中《なか》でも、特《とく》に強力《きょうりょく》な**爆発《ばくはつ》**がコンビを組《く》むことがある。**火山《かざん》の噴火《ふんか》**が**雷《かみなり》**を発生《はっせい》させるのだ。青天《せいてん》の霹靂《へきれき》とも言《い》うべきこの**火山雷《かざんらい》**は、原因《げんいん》が十分《じゅうぶん》に解明《かいめい》されていない。

爆発《ばくはつ》するピザ

太陽系《たいようけい》で爆発《ばくはつ》が一番多《いちばんおお》い場所《ばしょ》は、木星《もくせい》の月《つき》(衛星《えいせい》)の一つ、イオだ。表面《ひょうめん》のカラフルな色合《いろあ》いから「ピザムーン」のニックネームを持《も》つ。イオには数百《すうひゃく》の活火山《かっかざん》があり、高度《こうど》300kmにまで上昇《じょうしょう》する噴煙柱《ふんえんちゅう》が確認《かくにん》されている。

過去《かこ》200年間《ねんかん》に、少《すく》なくとも150個《こ》の火山雷《かざんらい》が記録《きろく》されている。

雷《かみなり》は、静電気《せいでんき》が蓄積《ちくせき》することが原因《げんいん》で生《しょう》じる。火山《かざん》の噴火中《ふんかちゅう》に静電気《せいでんき》がたまる原因《げんいん》について、科学者《かがくしゃ》にも確《たし》かなことはわからないが、火山灰雲《かざんばいうん》の中《なか》で熱《あつ》い火山灰《かざんばい》の粒子《りゅうし》がこすれ合《あ》って静電気《せいでんき》を発生《はっせい》させ、それが帯電《たいでん》して雷《かみなり》を引《ひ》き起《お》こすのではないかと考《かんが》えられている。これと同様《どうよう》に、雷雲《らいうん》の中《なか》では、氷《こおり》の粒《つぶ》がぶつかり合《あ》って帯電《たいでん》する。

2013年《ねん》1月《がつ》の桜島《さくらじま》の噴火《ふんか》で、
噴出《ふんしゅつ》する火山灰雲《かざんばいうん》と溶岩《ようがん》を照《て》らす火山雷《かざんらい》が観測《かんそく》された。

はやわかりリファレンス

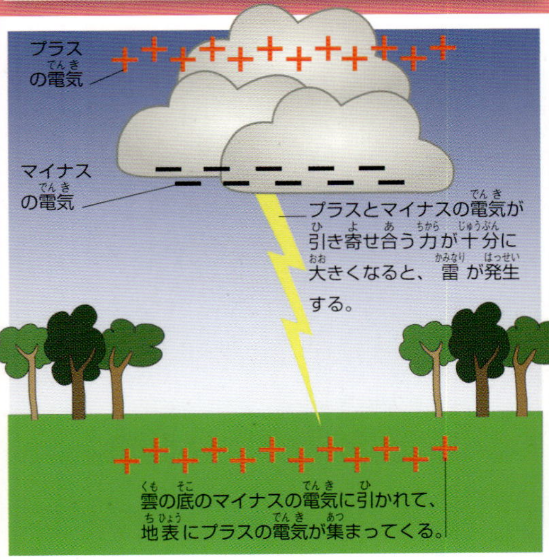
プラスの電気《でんき》
マイナスの電気《でんき》
プラスとマイナスの電気《でんき》が引《ひ》き寄《よ》せ合《あ》う力《ちから》が十分《じゅうぶん》に大《おお》きくなると、雷《かみなり》が発生《はっせい》する。
雲《くも》の底《そこ》のマイナスの電気《でんき》に引《ひ》かれて、地表《ちひょう》にプラスの電気《でんき》が集《あつ》まってくる。

雷雲《らいうん》の中《なか》で氷《こおり》の粒子《りゅうし》がこすれ合《あ》うと、一方《いっぽう》の粒子《りゅうし》は電子《でんし》を得《え》てマイナスの電気《でんき》になり、他方《たほう》の粒子《りゅうし》は電子《でんし》を失《うしな》いプラスの電気《でんき》になる。プラスの粒子《りゅうし》は雲《くも》の上部《じょうぶ》に集《あつ》まり、マイナスの粒子《りゅうし》は雲《くも》の底《そこ》に移動《いどう》する。電気《でんき》が大量《たいりょう》にたまると、そのエネルギーが雷《かみなり》となって放電《ほうでん》される。

UFO《ユーフォー》雲《ぐも》

空《そら》飛《と》ぶ円盤《えんばん》のように浮《う》かぶ不思議《ふしぎ》な形《かたち》の雲《くも》。**何層《なんそう》にも重《かさ》なった**この雲《くも》は**レンズ雲《ぐも》**と呼《よ》ばれ、**山岳地帯《さんがくちたい》**に発生《はっせい》する。気流《きりゅう》が山《やま》に沿《そ》って上下《じょうげ》に移動《いどう》する時《とき》、その動《うご》きが**山岳波《さんがくは》**という波《なみ》となって振動《しんどう》し、こんな形《かたち》の雲《くも》ができるのだ。

空気《くうき》が雲《くも》の中《なか》を通《とお》って後《うし》ろから出《で》てくると、
空気中《くうきちゅう》の雲《くも》の粒《つぶ》は蒸発《じょうはつ》して水蒸気《すいじょうき》になる。
水蒸気《すいじょうき》は目《め》に見《み》えないので、
雲《くも》はここで消《き》えている。

雲《くも》におおわれた島《しま》

世界《せかい》で一番《いちばん》くもっている場所《ばしょ》の一《ひと》つ、南《みなみ》アフリカ共和国《きょうわこく》のプリンス・エドワード諸島《しょとう》では、年間《ねんかん》の日照時間《にっしょうじかん》が800時間《じかん》しかない。お日様《ひさま》が好《す》きな人《ひと》はアメリカのアリゾナ州《しゅう》ユマに行《い》くといい。ここなら一年《いちねん》の昼間時間《ちゅうかんじかん》4,500時間《じかん》のうち4,000時間《じかん》も日照時間《にっしょうじかん》がある。

雲《くも》の層《そう》を見《み》ると、大気中《たいきちゅう》にいくつもの気流《きりゅう》の層《そう》ができていることがわかる。気流《きりゅう》の層《そう》の一《ひと》つひとつが雲《くも》の層《そう》を一《ひと》つ作《つく》る。

気流《きりゅう》の層《そう》の上《うえ》に一《ひと》つずつレンズ形《がた》の雲《くも》ができ、ホットケーキのように重《かさ》なっている。

温度《おんど》が十分《じゅうぶん》に低《ひく》いと、空気中《くうきちゅう》の水分《すいぶん》が凝縮《ぎょうしゅく》して雲《くも》になる。雲《くも》の底《そこ》より下《した》では空気《くうき》が暖《あたた》かいので、水分《すいぶん》は水蒸気《すいじょうき》になって見《み》えない。

イギリスのヨークシャー州《しゅう》の住民《じゅうみん》は、2011年《ねん》にこの奇妙《きみょう》なレンズ雲《ぐも》が現《あらわ》れてびっくりした。この雲《くも》を作《つく》ったのは、「イングランドの背骨《せぼね》」と言《い》われるペナイン山脈《さんみゃく》だ。ヒマラヤ山脈《さんみゃく》、アンデス山脈《さんみゃく》、ロッキー山脈《さんみゃく》など、レンズ雲《ぐも》は険《けわ》しい山岳地帯《さんがくちたい》でよく見《み》られる。

はやわかりリファレンス

池《いけ》に小石《こいし》を投《な》げるとさざ波《なみ》が立《た》つのと同《おな》じように、山岳波《さんがくは》は、気流《きりゅう》が山《やま》にぶつかって上昇《じょうしょう》する時《とき》に発生《はっせい》する。波《なみ》の上《うえ》の、空気《くうき》が冷《つめ》たい場所《ばしょ》にレンズ雲《ぐも》ができる。

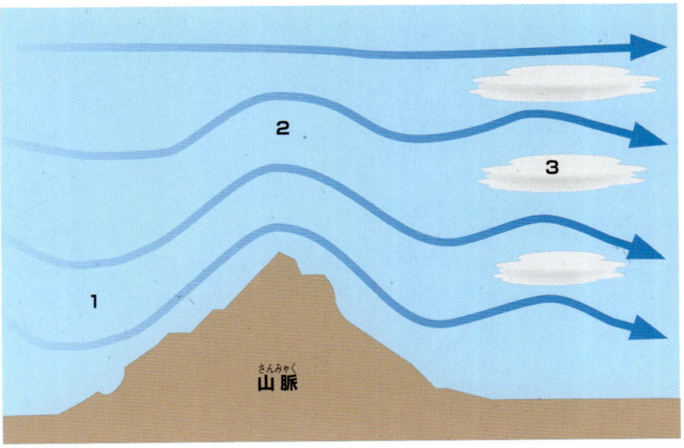

1 空気《くうき》が山《やま》にぶつかり、上昇《じょうしょう》しながら山《やま》を越《こ》える。

2 下《した》からの空気《くうき》が上空《じょうくう》の空気《くうき》を押《お》して波《なみ》を作《つく》る。

3 一《ひと》つひとつの波《なみ》の上《うえ》に雲《くも》ができる。

凍《こお》りついた泡《あわ》

カナディアン・ロッキーを見晴《みは》らす**アブラハム湖《こ》**は、写真家《しゃしんか》の憧《あこが》れの場所《ばしょ》だ。氷《こおり》に閉《と》じ込《こ》められた無数《むすう》の**気泡《きほう》の塔《とう》**が、湖水《こすい》の中《なか》にもう一《ひと》つの美《うつく》しい景色《けしき》を作《つく》り出《だ》している。ただし、このきれいな気泡《きほう》には、とんでもない秘密《ひみつ》が隠《かく》れている。実《じつ》は、**有毒《ゆうどく》なメタンガス**が含《ふく》まれているのだ。

アブラハム湖《こ》のメタンガスの泡《あわ》は、湖底《こてい》に生息《せいそく》するバクテリアが、植物《しょくぶつ》の死骸《しがい》をえさとして分解《ぶんかい》する時《とき》に生成《せい》される。夏《なつ》は湖《みずうみ》の表面《ひょうめん》からガスが放出《ほうしゅつ》されるが、湖《みずうみ》が一面《いちめん》に凍《こお》ってしまうと気泡《きほう》は氷《こおり》に閉《と》じ込《こ》められる。メタンは大気圏内《たいきけんない》に熱《ねつ》をため込《こ》む温室効果《おんしつこうか》ガスで、地球温暖化《ちきゅうおんだんか》を強《つよ》める。

アブラハム湖《こ》は、1972年《ねん》にノースサスカチュワン川《がわ》のダム建設《けんせつ》で作《つく》られた人工湖《じんこうこ》だ。

メタンガスが発生《はっせい》する湖《みずうみ》はたくさんある。谷《たに》を水《みず》に沈《しず》めて作《つく》られたアブラハム湖《こ》では、湖底《こてい》に植物《しょくぶつ》の死骸《しがい》がたくさんあるので、メタンガスが大量《たいりょう》に発生《はっせい》する。

メタンガスの気泡《きほう》が積《つ》み重《かさ》なり、
まるでシャボン玉《だま》マシンからどんどん出《で》てきたシャボン玉《だま》が一瞬《いっしゅん》で凍《こお》りついてしまったかのようだ。

爆発《ばくはつ》するバブル

メタンは無色無臭《むしょくむしゅう》のガスで、非常《ひじょう》に燃《も》えやすい。凍《こお》りついた気泡《きほう》(バブル)を研究《けんきゅう》している科学者《かがくしゃ》は[写真《しゃしん》]、発見《はっけん》したのが何《なん》のガスか確認《かくにん》したかったのかもしれない。氷《こおり》にピックで穴《あな》を開《あ》け、ガスに点火《てんか》すると爆発《ばくはつ》した。つまり、ガスはメタンだということだ。

はやわかりリファレンス

地球《ちきゅう》の大気圏《たいきけん》は、太陽《たいよう》の熱《ねつ》を通過《つうか》させて地表《ちひょう》に届《とど》けるが、地表《ちひょう》から放射《ほうしゃ》される熱《ねつ》の一部《いちぶ》を吸収《きゅうしゅう》する。この温室効果《おんしつこうか》と呼《よ》ばれる現象《げんしょう》により地球《ちきゅう》は暖《あたた》められ、生命《せいめい》を維持《いじ》できる。メタンをはじめとする温室効果《おんしつこうか》ガスの濃度《のうど》が上昇《じょうしょう》すると、さらに熱《ねつ》が吸収《きゅうしゅう》されるので、温室効果《おんしつこうか》が強《つよ》められ、地球《ちきゅう》の温度《おんど》が上昇《じょうしょう》する。

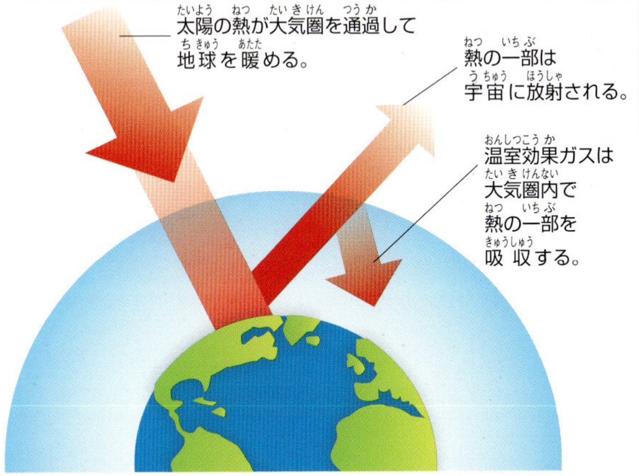

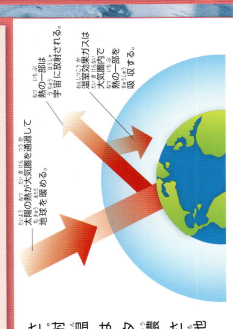

光《ひかり》のスペクタクル

地球《ちきゅう》の磁場《じば》に**太陽風《たいようふう》**が侵入《しんにゅう》すると、**揺《ゆ》らめく光《ひかり》のカーテン**が現《あらわ》れて夜空《よぞら》を彩《いろど》る。よく話題《わだい》を集《あつ》めるのは**北極《ほっきょく》光《こう》**(オーロラ・ボレアリス)だ。**南《なん》極光《きょくこう》**(オーロラ・オーストラリス)も北極光《ほっきょくこう》に負《ま》けないほど素《す》晴《ば》らしいが、アクセスが難《むずか》しい。

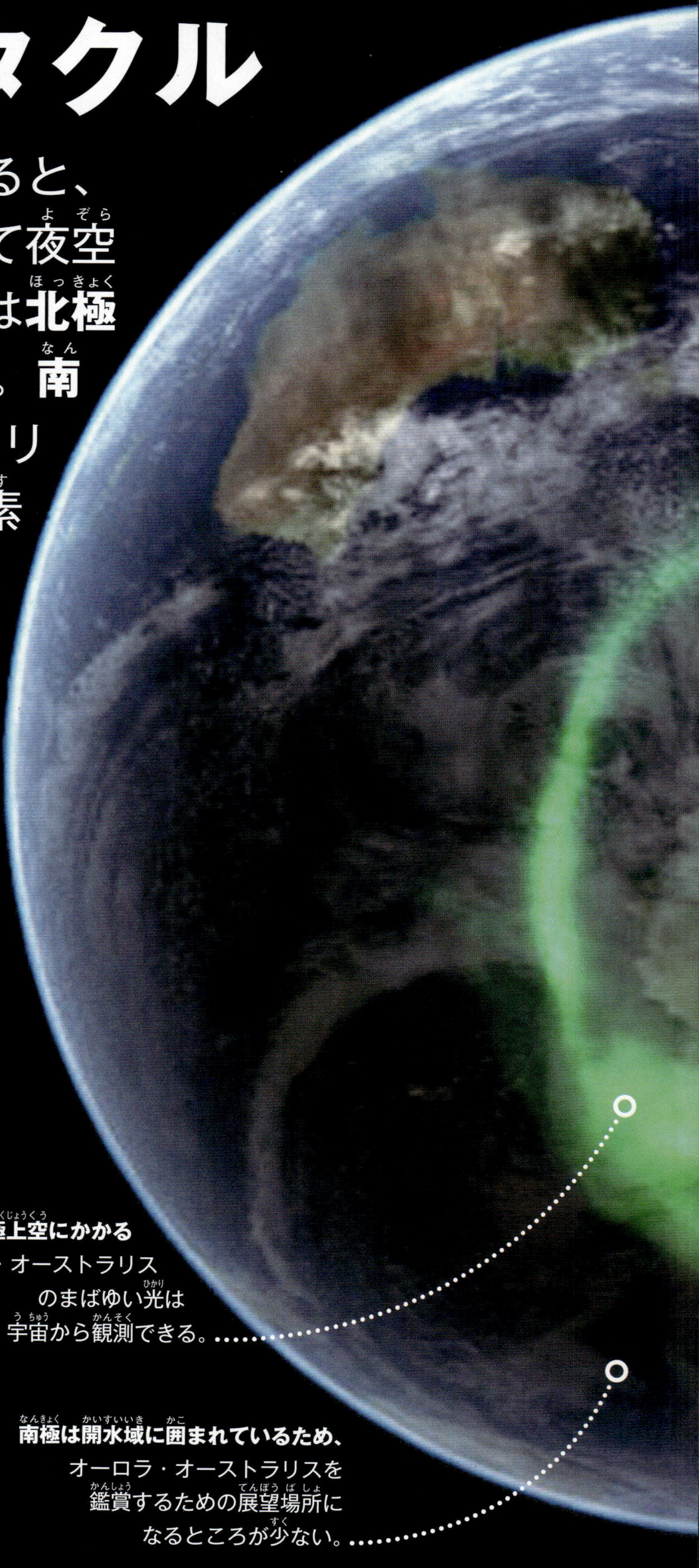

南極上空《なんきょくじょうくう》にかかる
オーロラ・オーストラリス
のまばゆい光《ひかり》は
宇宙《うちゅう》から観測《かんそく》できる。

南極《なんきょく》は開水域《かいすいいき》に囲《かこ》まれているため、
オーロラ・オーストラリスを
鑑賞《かんしょう》するための展望場所《てんぼうばしょ》に
なるところが少《すく》ない。

惑星《わくせい》のオーロラ

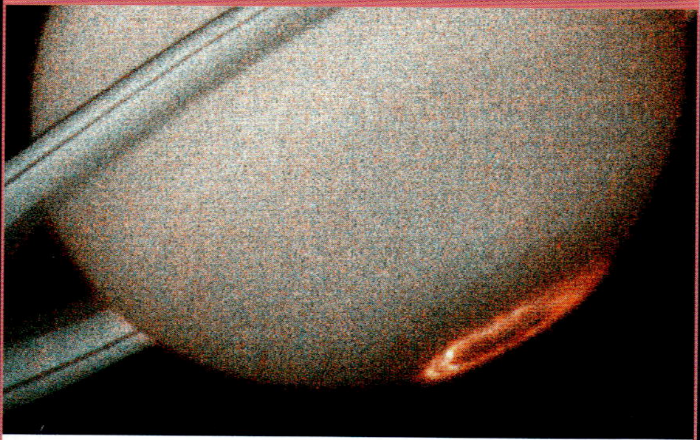

宇宙《うちゅう》を探検《たんけん》すれば、いろいろなオーロラが発見《はっけん》できるだろう。巨大《きょだい》な木星《もくせい》の磁場《じば》は強力《きょうりょく》で、衛星《えいせい》と作用《さよう》して鮮《あざ》やかな光《ひかり》を放《はな》つ。土星《どせい》では南極《なんきょく》にオーロラが発生《はっせい》し[写真《しゃしん》]、天王星《てんのうせい》、海王星《かいおうせい》、火星《かせい》にも同《おな》じようなオーロラが観測《かんそく》されている。

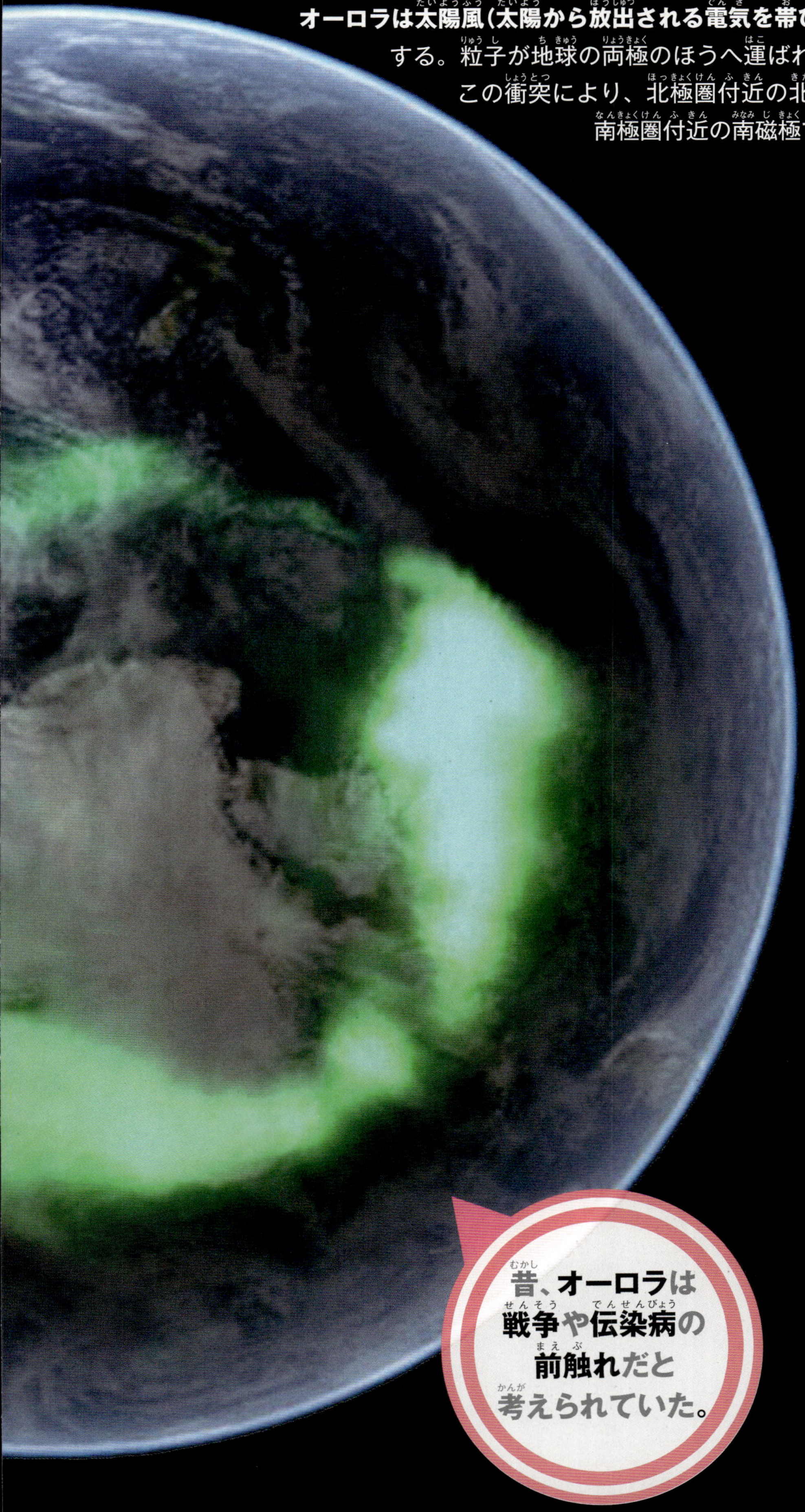

オーロラは太陽風《たいようふう》(太陽《たいよう》から放出《ほうしゅつ》される電気《でんき》を帯《お》びた粒子《りゅうし》)が地球《ちきゅう》の磁場《じば》に侵入《しんにゅう》した時《とき》に発生《はっせい》する。粒子《りゅうし》が地球《ちきゅう》の両極《りょうきょく》のほうへ運《はこ》ばれていく途中《とちゅう》、大気圏内《たいきけんない》の気体《きたい》に衝突《しょうとつ》する。この衝突《しょうとつ》により、北極圏《ほっきょくけん》付近《ふきん》の北磁極《きたじきょく》ではオーロラ・ボレアリスが発生《はっせい》し、南極圏《なんきょくけん》付近《ふきん》の南磁極《みなみじきょく》ではオーロラ・オーストラリスが発生《はっせい》する。

はやわかりリファレンス

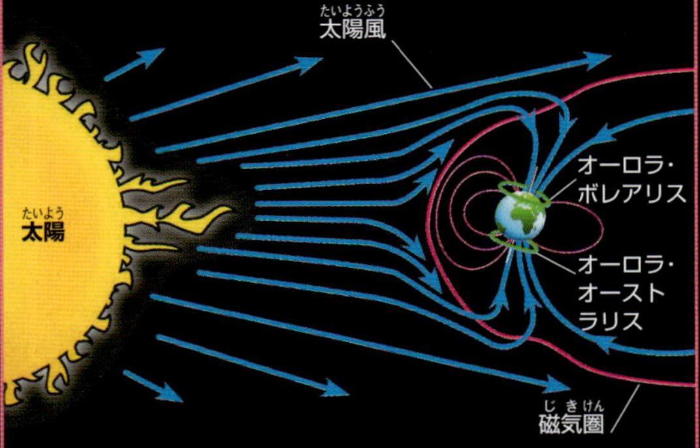

磁場《じば》の層《そう》が地球《ちきゅう》を守《まも》るバリアを作《つく》っている。この磁気圏《じきけん》のおかげで、太陽風《たいようふう》の粒子《りゅうし》の大部分《だいぶぶん》は地球《ちきゅう》をそれて進《すす》む。磁気圏《じきけん》に侵入《しんにゅう》する粒子《りゅうし》は南北《なんぼく》の磁極《じきょく》に向《む》かって運《はこ》ばれ、大気中《たいきちゅう》の気体《きたい》と反応《はんのう》して色鮮《いろあざ》やかなオーロラを発生《はっせい》させる。

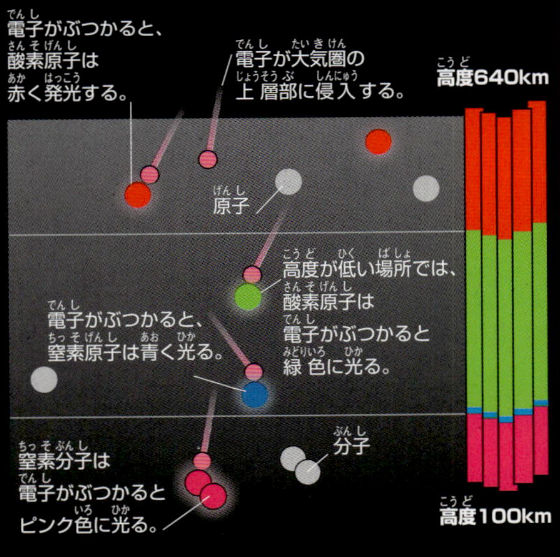

太陽風《たいようふう》の電子《でんし》が地球《ちきゅう》の大気圏《たいきけん》の上層部《じょうそうぶ》に侵入《しんにゅう》すると、地表《ちひょう》からはるか上空《じょうくう》で、酸素《さんそ》と窒素《ちっそ》の原子《げんし》に衝突《しょうとつ》する。オーロラの色《いろ》は、衝突《しょうとつ》する原子《げんし》の種類《しゅるい》と高度《こうど》によって異《こと》なる。

昔《むかし》、オーロラは戦争《せんそう》や伝染病《でんせんびょう》の前触《まえぶ》れだと考《かんが》えられていた。

雪《ゆき》の剣山《けんざん》

草《くさ》ぼうぼうの庭《にわ》に**雪《ゆき》**が降《ふ》り積《つ》もったかのようなペニテンテは、**とびきり鋭《するど》くてかっこいい雪《ゆき》の彫刻《ちょうこく》**だ。**アンデス山脈《さんみゃく》**に**見《み》られる、このとげとげの雪《ゆき》**は、身《み》を切《き》るような山風《やまかぜ》が彫《ほ》り出《だ》したものではないことがわかった。

宇宙《うちゅう》の剣《つるぎ》

氷《こおり》におおわれた木星《もくせい》の月《つき》エウロパには、地球《ちきゅう》と同《おな》じようなペニテンテがあると考《かんが》えられている。高《たか》さ10mにまでそそり立《た》つエウロパの氷《こおり》の剣《つるぎ》は、ここに着陸《ちゃくりく》しようとする未来《みらい》の宇宙船《うちゅうせん》を窮地《きゅうち》に立《た》たせることだろう。

さっそく本題《ほんだい》に入《はい》ろう。風《かぜ》がペニテンテを作《つく》るのではない。空気《くうき》が冷《つめ》たく乾燥《かんそう》しているところでは、太陽《たいよう》の熱《ねつ》で雪《ゆき》が融《と》けて一旦水《いったんみず》になるのではなく、一瞬《いっしゅん》で水蒸気《すいじょうき》に変《か》わるので、カチカチに固《かた》まった雪《ゆき》の剣《つるぎ》ができる。このように固体《こたい》から直接気体《ちょくせつきたい》になる現象《げんしょう》を昇華《しょうか》という。場所《ばしょ》によって雪《ゆき》が速《はや》く昇華《しょうか》するのでペニテンテの塔《とう》が残《のこ》されるのだ。

はやわかりリファレンス

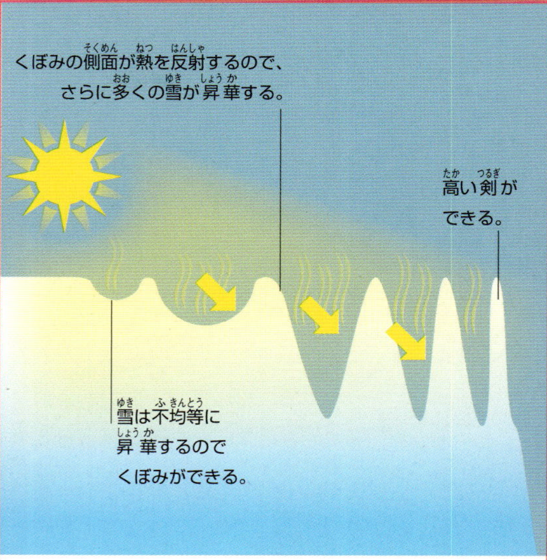
くぼみの側面《そくめん》が熱《ねつ》を反射《はんしゃ》するので、
さらに多《おお》くの雪《ゆき》が昇華《しょうか》する。
高《たか》い剣《つるぎ》ができる。
雪《ゆき》は不均等《ふきんとう》に昇華《しょうか》するのでくぼみができる。

太陽《たいよう》の光《ひかり》が雪《ゆき》を水蒸気《すいじょうき》に変《か》え、くぼみができると、くぼみがさらに太陽光《たいようこう》を捉《とら》えるので、速《はや》く昇華《しょうか》する。くぼみの隣《となり》の高《たか》い部分《ぶぶん》が剣《つるぎ》のようになる。

ペニテンテの高《たか》さは
3cm～5mまで
さまざまだ。

イギリスの自然科学者《しぜんかがくしゃ》チャールズ・ダーウィンは1839年出版《ねんしゅっぱん》の著書《ちょしょ》にペニテンテのことを書《か》いた。

不思議《ふしぎ》な氷細工《こおりざいく》

世界各地《せかいかくち》の**とびきりクールな場所《ばしょ》**では、**巨大《きょだい》な氷山《ひょうざん》**からはかなげな**霜《しも》**まで、変《か》わった構造《こうぞう》の氷《こおり》が作《つく》られている。

霜《しも》のひげ
スイスで撮影《さつえい》されたこの写真《しゃしん》は、木《き》が絹《きぬ》のような白髪《しらが》を生《は》やしているように見《み》える。これがフロストビアード（霜《しも》のひげ）だ。枯《か》れた枝《えだ》は雨《あめ》を吸収《きゅうしゅう》するが、寒《さむ》さで水《みず》が凍《こお》ると木《き》の外側《そとがわ》に膨張《ぼうちょう》して、氷《こおり》の「毛《け》」が生《は》えるのだ。

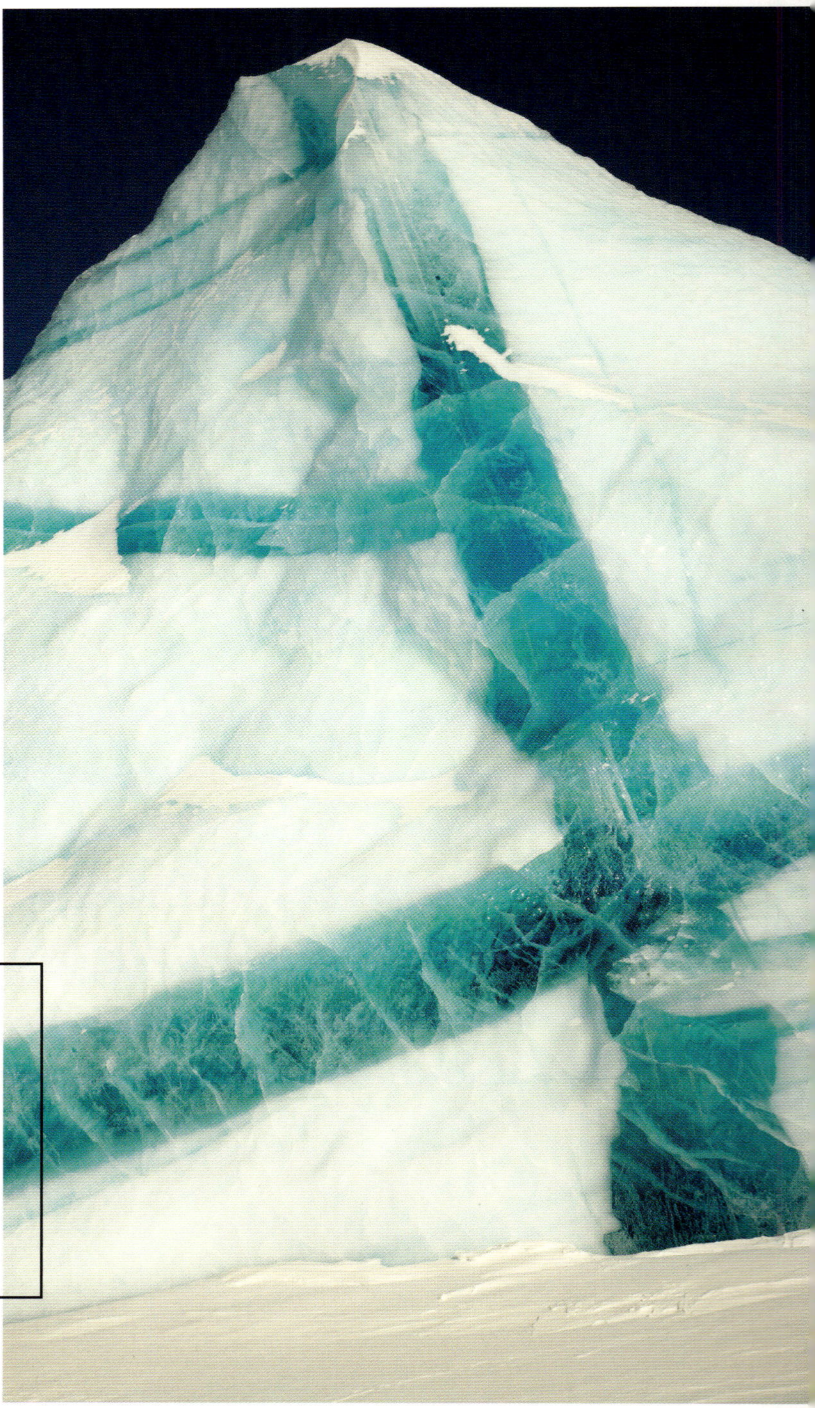

氷山《ひょうざん》の一角《いっかく》
普通《ふつう》の氷山《ひょうざん》は白《しろ》いが、グリーンランドのこの氷山《ひょうざん》には青《あお》い血管《けっかん》が入《はい》っているようだ！　海水中《かいすいちゅう》の藻《も》やミネラルや堆《たい》積物《せきぶつ》が氷山《ひょうざん》の底面《ていめん》に凍《こお》りつき、青《あお》や黄《き》色《いろ》、茶色《ちゃいろ》、黒《くろ》などのしま模様《もよう》ができるのだ。

霜《しも》の花《はな》

ここカナディアン・ロッキーで見《み》られる、一面《いちめん》の花畑《はなばたけ》のような美《うつく》しい現象《げんしょう》は、フロストフラワーと呼《よ》ばれている。湖面《こめん》から立《た》ちのぼる水蒸気《すいじょうき》が、冷《ひ》え切《き》った空気《くうき》に触《ふ》れると一瞬《いっしゅん》のうちに凍《こお》りつく。次々《つぎつぎ》に凍《こお》りつく水蒸気《すいじょうき》が氷《こおり》の結晶《けっしょう》となって成長《せいちょう》し、氷《こおり》の「花《はな》」を咲《さ》かせるのだ。

北極《ほっきょく》のホットケーキ

極地《きょくち》で作《つく》られるアイスパンケーキは、普通《ふつう》のホットケーキより味《あじ》は劣《おと》るが特大《とくだい》サイズだ。川《かわ》や海《うみ》に浮《う》かぶ小《ちい》さな泡《あわ》が凍《こお》り、互《たが》いにぶつかり合《あ》ってできる。氷点下《ひょうてんか》のベラルーシ共和国《きょうわこく》の川《かわ》では、水鳥《みずとり》たちが丸《まる》い氷《こおり》のブロックに大喜《おおよろこ》びだ。

高山《こうざん》の小道《こみち》

立山黒部《たてやまくろべ》アルペンルートの旅《たび》は日本一壮大《にほんいちそうだい》な風景《ふうけい》が楽《たの》しめる。**絶景《ぜっけい》の続《つづ》く山岳《さんがく》ルート**を旅《たび》していると、**雄大《ゆうだい》な山々《やまやま》**の眺《なが》めが突《とつ》然《ぜん》さえぎられ、**そびえ立《た》つ雪《ゆき》の**壁《かべ》に挟《はさ》まれる。

このパノラマルートは1971年《ねん》に開通《かいつう》し、毎年《まいねん》４月《がつ》から11月《がつ》まで開《かい》放《ほう》されている。室堂《むろどう》のどでかい雪《ゆき》の壁《かべ》は世界的《せかいてき》にも有名《ゆうめい》で、年《とし》によっては10階建《かいだ》てのビルの高《たか》さになることもある。このルートは他《ほか》にも黒部《くろべ》ダムや飛騨山脈《ひださんみゃく》などの名所《めいしょ》を通《とお》る。

毎年春《まいとしはる》になると、
重《おも》い雪《ゆき》を除雪《じょせつ》して、
高《たか》さ20mの壁《かべ》が
500mにわたって連《つら》なる
「雪《ゆき》の大谷《おおたに》」が作《つく》られる。

毎年《まいとし》100万人《まんにん》の観光客《かんこうきゃく》がアルペンルートを訪《おとず》れる。

はやわかりリファレンス

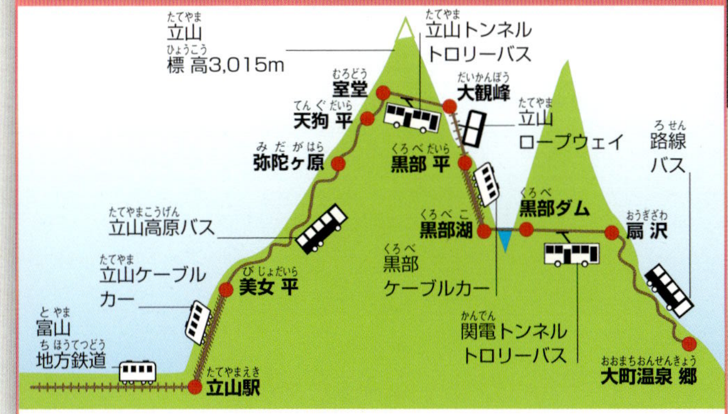

全長《ぜんちょう》90kmの立山黒部《たてやまくろべ》アルペンルートは、標高差《ひょうこうさ》の激《はげ》しい難《むずか》しい地形《ちけい》を通《とお》るため、トロリーバス、ケーブルカー、ロープウェイなど、いろいろな交《こう》通手段《つうしゅだん》を使用《しよう》する。

雪《ゆき》のトンネル

2015年《ねん》、北米《ほくべい》に記録的《きろくてき》な大雪《おおゆき》が降《ふ》り、住《じゅう》民《みん》は外出《がいしゅつ》するために雪《ゆき》のトンネルを掘《ほ》らなければならなかった。また、通勤《つうきん》する人《ひと》や自転車《じてんしゃ》が立《た》ち止《ど》まらなくて済《す》むように、作《さ》業員《ぎょういん》のチームが深《ふか》さや長《なが》さもさまざまなトンネルを掘《ほ》った。

朝空《あさぞら》のハイウエー

空《そら》を突《つ》っ走《ぱし》る魔法《まほう》の道路《どうろ》のような雲《くも》。波状《なみじょう》の空気《くうき》の流《なが》れが作《つく》り出《だ》すこの**モーニング・グローリー**は、帯状《おびじょう》の雲《くも》が回転《かいてん》しながら移動《いどう》するという、とても変《か》わった気象現象《きしょうげんしょう》だ。**世界的《せかいてき》には珍《めずら》しい**が、オーストラリア北部《ほくぶ》の**田舎町《いなかまち》では**決《き》まった時期《じき》に出現《しゅつげん》する。

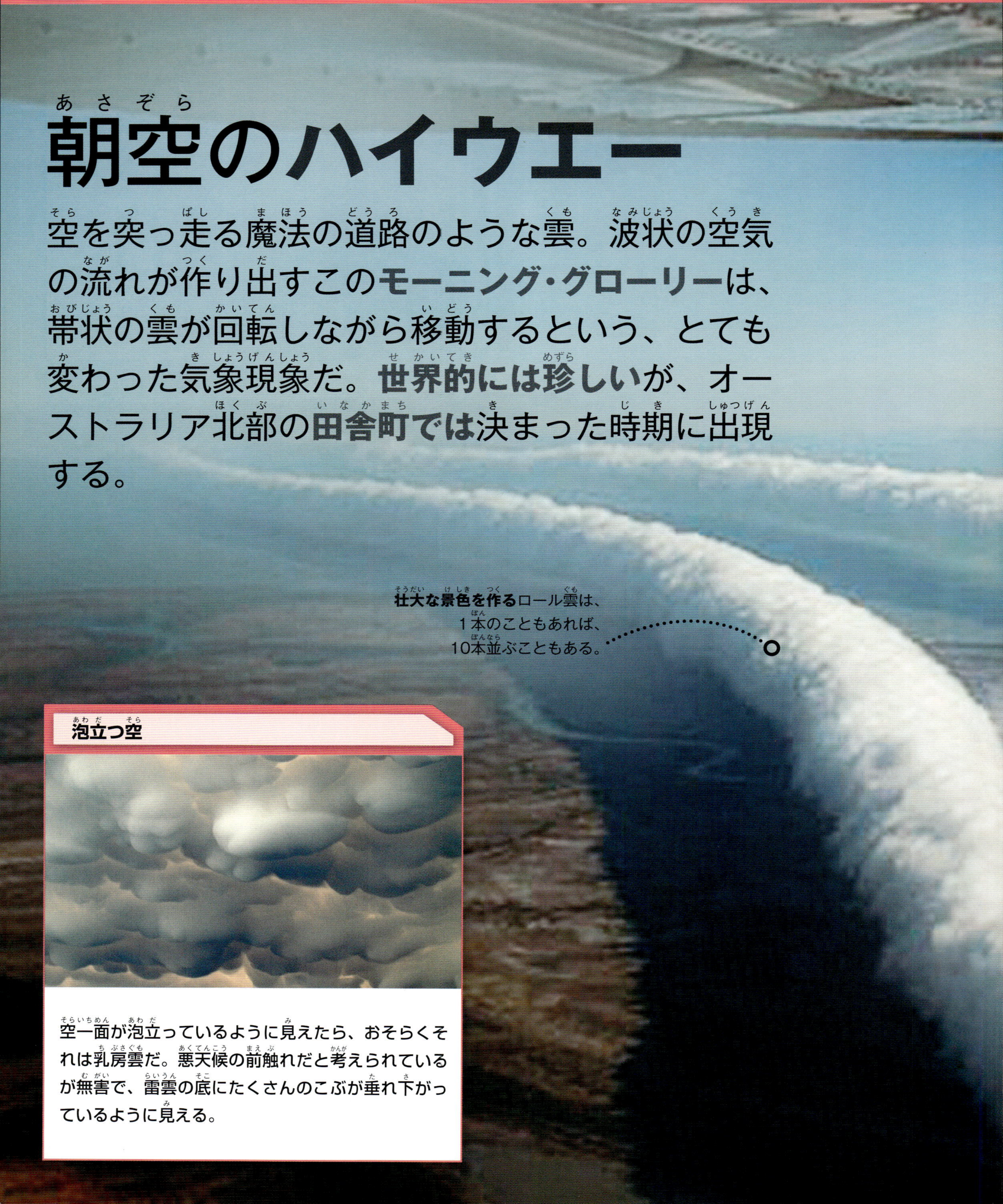

壮大《そうだい》な景色《けしき》を作《つく》るロール雲《ぐも》は、1本《ぽん》のこともあれば、10本並《ぽんなら》ぶこともある。

泡《あわ》立《だ》つ空《そら》

空一面《そらいちめん》が泡立《あわだ》っているように見《み》えたら、おそらくそれは乳房雲《ちぶさぐも》だ。悪天候《あくてんこう》の前触《まえぶ》れだと考《かんが》えられているが無害《むがい》で、雷雲《らいうん》の底《そこ》にたくさんのこぶが垂《た》れ下《さ》がっているように見《み》える。

空《そら》に延《の》びるこの不思議《ふしぎ》な雲《くも》は、水平線《すいへいせん》のかなたまで見渡《みわた》す限《かぎ》り続《つづ》いている。９月《がつ》から11月《がつ》にかけての早朝《そうちょう》、オーストラリア北東《ほくとう》のカーペンタリア湾《わん》で形成《けいせい》された雲《くも》が回転《かいてん》しながら移動《いどう》し、クイーンズランド州《しゅう》バークタウン上空《じょうくう》に現《あらわ》れる。湿《しめ》った海《うみ》の空気《くうき》が乾《かわ》いた空気《くうき》の層《そう》と接触《せっしょく》する時《とき》に大気中《たいきちゅう》に波《なみ》が発生《はっせい》し、心《こころ》を奪《うば》われるような雲《くも》が形成《けいせい》されるのだ。

雲《くも》は最大《さいだい》で時速《じそく》60kmの速《はや》さで移動《いどう》する。

モーニング・グローリーはハンググライダー乗《の》りにとって夢《ゆめ》のようなコンディションだ。温度風《おんどふう》(雲周辺《くもしゅうへん》で気流《きりゅう》が変化《へんか》している状態《じょうたい》)に乗《の》って、雲《くも》の「サーフィン」が楽《たの》しめる。

はやわかりリファレンス

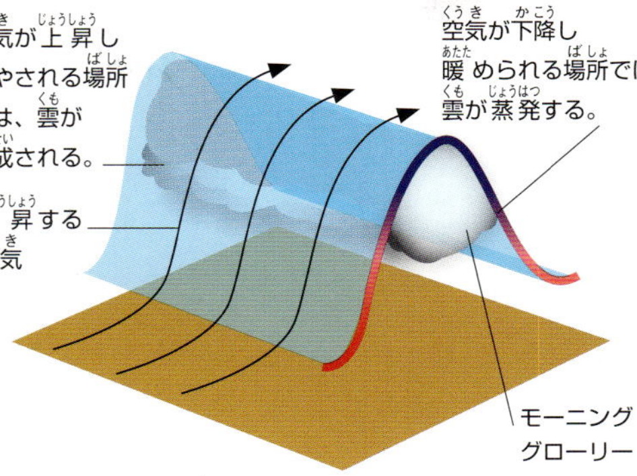

湿気《しっき》を多《おお》く含《ふく》む海《うみ》からの空気《くうき》が夜間《やかん》に吹《ふ》き込《こ》み、陸《りく》から吹《ふ》き出《だ》された乾《かわ》いた空気《そらき》の層《そう》の上《うえ》に乗《の》り上《あ》げると、空気《くうき》の波《なみ》が発生《はっせい》する。湿気《しっけ》の高《たか》い空気《くうき》が上昇《じょうしょう》し、冷《ひ》やされ、凝縮《ぎょうしゅく》することにより、波《なみ》の上昇気流《じょうしょうきりゅう》の部分《ぶぶん》で雲《くも》が形成《けいせい》され続《つづ》ける。下降気流《かこうきりゅう》の中《なか》では雲《くも》が蒸発《じょうはつ》する。このように凝縮《ぎょうしゅく》と蒸発《じょうはつ》が繰《く》り返《かえ》され、帯状《おびじょう》の雲《くも》ができる。

モーニング・グローリーは1,000km以上《いじょう》に延《の》びることがある。

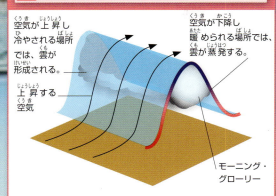

雪《ゆき》の煙突《えんとつ》

一面《いちめん》の雪景色《ゆきげしき》の中《なか》に思《おも》いがけないものを見《み》つけることがある。この写真《しゃしん》の**雪《ゆき》の煙《えん》突《とつ》**は**噴気孔《ふんきこう》**の一種《いっしゅ》で、空高《そらたか》く蒸気《じょうき》を噴出《ふんしゅつ》している。噴気孔《ふんきこう》は**火山地帯《かざんちたい》**に出現《しゅつげん》する地表《ちひょう》の穴《あな》で、**蒸気《じょうき》**や火山《かざん》ガスを放出《ほうしゅつ》する。

噴気孔《ふんきこう》から排出《はいしゅつ》されるガスの成分《せいぶん》は
主《おも》に二酸化炭素《にさんかたんそ》、二酸化硫黄《にさんかいおう》、硫化水素《りゅうかすいそ》であり、
このような危険《きけん》なガスの近《ちか》くでは、ガスマスクが必要《ひつよう》だ。

雪《ゆき》まくり

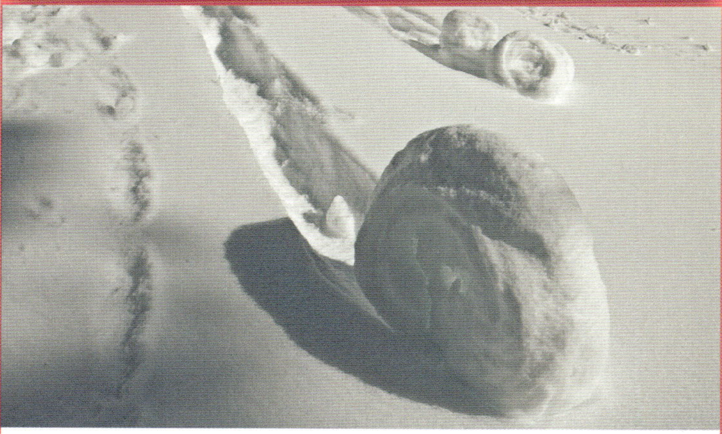

びっくりするような現象《げんしょう》はまだある。写真《しゃしん》のでっかい筒状《つつじょう》の雪《ゆき》は自然《しぜん》にできたもので、雪《ゆき》まくりと呼《よ》ばれる。小《ちい》さな雪《ゆき》の塊《かたまり》が強《つよ》い風《かぜ》に巻《ま》き上《あ》げられ、雪《ゆき》だるまを作《つく》る要領《ようりょう》で、雪《ゆき》を集《あつ》めていったのだ。北米《ほくべい》やヨーロッパの寒冷《かんれい》地《ち》で見《み》られることが多《おお》い。

噴気孔《ふんきこう》は、温泉《おんせん》や間欠泉《かんけつせん》と関係《かんけい》が深《ふか》く、噴《ふん》出《しゅつ》するには熱《ねつ》と、ガスまたは水源《すいげん》が必要《ひつよう》だ。地中《ちちゅう》の火山《かざん》のマグマ（溶岩《ようがん》）が熱《ねつ》とガスを供《きょう》給《きゅう》する。マグマが地下水《ちかすい》に接《せっ》すると、水《みず》が沸騰《ふっとう》し水蒸気《すいじょうき》になって放出《ほうしゅつ》される。

ガスの噴出《ふんしゅつ》は熱源《ねつげん》により何世紀《なんせいき》も続《つづ》くこともあれば、数週間《すうしゅうかん》のこともある。

はやわかりリファレンス

このような蒸気《じょうき》の排出口《はいしゅつこう》が地表《ちひょう》にできるのは、決《き》まって火山活動《かざんかつどう》が活発《かっぱつ》な地域《ちいき》だ。噴気孔《ふんきこう》では間欠泉《かんけつせん》と同《おな》じ仕組《しく》みが働《はたら》いている。地下水《ちかすい》がマグマに接《せっ》し、熱《ねっ》せられて沸騰《ふっとう》すると岩《いわ》の裂《さ》け目《め》を通《とお》って地表《ちひょう》に噴出《ふんしゅつ》する。噴気孔《ふんきこう》は蓄《たくわ》えられている水《みず》の量《りょう》が間欠泉《かんけつせん》より少《すく》ないので、水蒸気《すいじょうき》だけを放出《ほうしゅつ》する。

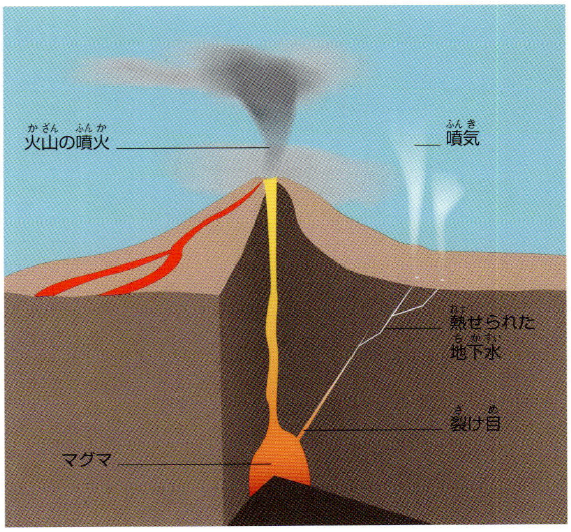
火山《かざん》の噴火《ふんか》
噴気《ふんき》
熱《ねっ》せられた地下水《ちかすい》
裂《さ》け目《め》
マグマ

北極地方《ほっきょくちほう》では、
蒸気《じょうき》が凍《こお》って火口《かこう》の周《まわ》りに
巨大《きょだい》な雪《ゆき》の煙突《えんとつ》ができる。

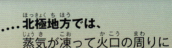

火炎竜《かえんりゅう》の攻撃《こうげき》

燃《も》えさかる炎《ほのお》と**渦巻《うずま》く風《かぜ》**を警戒《けいかい》せよ。自然界《しぜんかい》の最《もっと》も凶暴《きょうぼう》な二《ふた》つの敵《てき》が同時《どうじ》に仕掛《しか》ける攻撃《こうげき》が、**ファイヤネード**（ファイヤー＋トルネード）だ。渦《うず》を巻《ま》きながら空高《そらたか》く立《た》ちのぼる火炎《かえん》は、あたりをあっという間《ま》に手《て》に負《お》えない**危険《きけん》な光景《こうけい》**に変《か》える。

このファイヤネードは2014年《ねん》アメリカのミズーリ州《しゅう》チリコシーで農場火災《のうじょうかさい》から発生《はっせい》した。

空《そら》に立《た》ちのぼる炎《ほのお》は高《たか》さ30mに達《たっ》することもある。

熱《あつ》い空気《くうき》が冷《つめ》たい空気《くうき》に向《む》かって急速《きゅうそく》に移動《いどう》すると、渦《うず》を巻《ま》く突風《とっぷう》（旋風《せんぷう》）が生《しょう》じる。これが雷雨《らいう》の中《なか》で発生《はっせい》した場合《ばあい》は竜《たつ》巻《まき》になる。燃《も》えさかる火《ひ》にも同《おな》じ効果《こうか》があるばかりか、おまけに炎《ほのお》まで付《つ》いてくる。このようなファイヤネードは長《なが》く続《つづ》かないが、破壊力《はかいりょく》は強烈《きょうれつ》で、広《ひろ》い範囲《はんい》を灰《はい》に変《か》えてしまうことがある。

乱舞《らんぶ》する火《ひ》の玉《たま》

タイのメコン川《がわ》でひんぱんに発生《はっせい》する火《ひ》の玉《たま》の正体《しょうたい》について、科学《かがく》者《しゃ》はなかなか説明《せつめい》できずにいる。何百《なんびゃく》もの「ナーガ・ファイヤボール」は、川《かわ》に住《す》む竜神《りゅうじん》ナーガが吐《は》き出《だ》していると地元《じもと》の人《ひと》たちは信《しん》じている。

はやわかりリファレンス

竜巻《たつまき》と似《に》た条件《じょうけん》は山火事《やまかじ》が燃《も》えさかる時《とき》にも生《しょう》じる。火事《かじ》によって発生《はっせい》する激《はげ》しい上昇気流《じょうしょうきりゅう》が上方《じょうほう》の冷《つめ》たい空気《くうき》に触《ふ》れると、空気《くうき》が渦巻《うずま》き始《はじ》め、漏斗《ろうと》のような形《かたち》を作《つく》る。

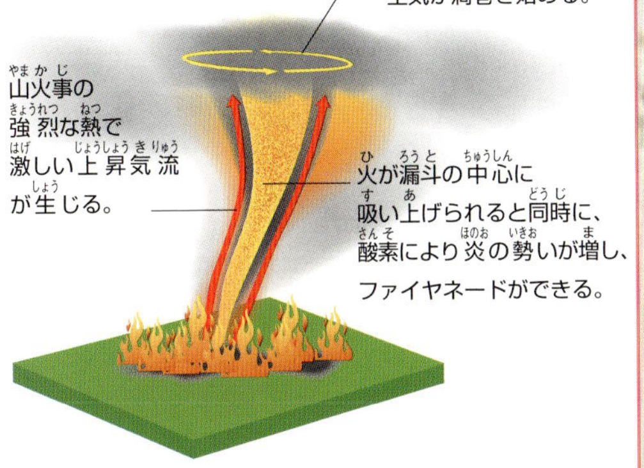
熱《あつ》い上昇気流《じょうしょうきりゅう》が冷《つめ》たい空気《くうき》に触《ふ》れると、空気《くうき》が渦巻《うずま》き始《はじ》める。
山火事《やまかじ》の強烈《きょうれつ》な熱《ねつ》で激《はげ》しい上昇気流《じょうしょうきりゅう》が生《しょう》じる。
火《ひ》が漏斗《ろうと》の中心《ちゅうしん》に吸《す》い上《あ》げられると同時《どうじ》に、酸素《さんそ》により炎《ほのお》の勢《いきお》いが増《ま》し、ファイヤネードができる。

漏斗《ろうと》の中心《ちゅうしん》に火《ひ》と可燃性《かねんせい》の気体《きたい》が吸《す》い上《あ》げられ、酸素《さんそ》を燃料《ねんりょう》に燃《も》えさかる。漏斗《ろうと》は炎《ほのお》の噴流《ふんりゅう》、ファイヤネードに変《か》わる。

さくいん

※広義の意味合いで対応ページを記している項目もあります（項目の単語そのものが対応ページにない場合があります）。

あ行

アイスストーム　156-157
アイスパンケーキ　179
アイスランド　34-35
アイベックス　142
アカガニ　116-117
アファール三角地帯　27
アブラハム湖　172-173
アフリカ
　木　100-101，109
　砂漠　108
　習慣　50-51
　動物　118-119，120-121，140
網（クモの）　124-125
雨　28-29，124-125，157，159，164-167
アメリカ合衆国
　異常気象　166-167
　変わった岩　20，21，162-163
　木　101，110-111
　建築物　82-83
　コウモリの集団　116
　砂漠　21，22-23，101，158-159
　大統領の彫刻　54
　熱水　22-23，30-31
　晴れの時間が一番多い場所　170
　ファイヤネード　186-187
　雪のトンネル　181
　ロッキーマウンテン・ウッドチック（ダニ）　128-129
アメリカ先住民の信仰　12，29
嵐
　雷（稲妻）　162-163，165，168-169
　氷　156-157
　スーパーストーム　164-165
　塵（砂塵嵐）　160-161
　ひょう　167
アラブ首長国連邦　76-79
アラン・ロベール　78-79
アルガンの木　142-143
アルグング釣り祭り　69
アルゼンチン　34，176-177
アングロア・ユニフローラ　93
アンコウ　113
アンコール遺跡群　110
アンデス山脈　176-177
アンテロープ・キャニオン　20
アンドレ・アガシ　80-81
イースター島　54-55
イエダニ　133
イエローストーン国立公園　30-31
イオ　168
硫黄　26-27
イギリス
　海砦　11
　雲　170-171
　玄武岩の石柱群　42-43
　チョーク岩層の地上絵　42
　動物　146-147
生けにえ　14
泉
　硫黄泉　26-27
　温泉　4-5，30-31，40-41
　セノーテ　14-15
イスラム教　84
イタチ　146-147
イタリア　85，142
イナゴ（ピンク色の）　121
イモムシ　134-135
イルカ　146
色
　海の色　104-105，112-113
　環水平アーク　154-155
　求愛行動の色　126-127
　氷の色　35
　宗教と色　84
　建物の色　84-85
　微生物の色　40
　プリズムの色　31
　ミネラルの色　12-13，18-19，22-23，41，178
　珍しい青一色の動物　114-115
　レインボーユーカリの木　86-87
岩（さまよう）　158-159
イワシ　150-151
インド　93，96-97，102-103
インドネシア　56-57，106-107
インド洋　98-99，112-113，116-117，167
インパチェンス・プシタシナ　93
ヴァション・アイランド，アメリカ　110-111
ヴァトナヨークトル氷河　34-35
ウィルミントンのロングマン　42
ウェーブ・ロック　21
ウォルフィア・グロボーサ　106
ウツボカズラの仲間　109
海
　海のシンクホール　7
　海水の塩分　9
　生物発光　112-113
　砦　11
　フリーダイビング　58-59
　魔物　152-153
　藻　104-105
ウユニ塩原　8-9
ウラモジタテハ　136-137
エウロパ　22，176
エカテリンブルクの岩塩坑　36-37
エクストリーム・スポーツ　33，58-59，74-75，78-81
エスキル・ローニングスバッケン　33
エダハヘラオヤモリ（枝葉箆尾ヤモリ）　138-139
エチオピア　26-27
エプソム塩　13
エルバート郡（アメリカ）　158
エレバス氷舌　25
エレファントフット氷河　24-25
エンケラドス　22
塩原　8-9，27
エンテロモルファ・プロリフェラ　104-105
オアハカ市（メキシコ）　69
オウムの花　93
オオカバマダラ　122-123
オーストラリア
　アカガニ　116-117
　雲　182-183
　サンゴ礁（グレート・バリア・リーフ）　76，141
　植物　100-101，109
　ダグアウト　53
　小さな生き物　126-127
　フェスティバル　66
大みそか（正月のお祝い）　65
オーロラ
　オーストラリスとボレアリス　174-175
　惑星のオーロラ　174
オカナガン・ファースト・ネーション　12
汚染　105
オナガバチ　131
オニキンメ　153
オルドイニョ・レンガイ山　41
温室効果　173
温泉　4-5，30-31，41

か行

ガーナ　50-51
回遊（動物の）　150-151
カエル　29，141
　カエルの寄生虫　131
　毒のあるカエル　114-115
火山　11，26-27，42，43
　火山と雷　168-169
　火山灰の堆積物　17，41
　「冷たい」溶岩　41
　噴気孔　184-185
カシ族　97
カスタリェース　64-65
風　159，160-161，164-167，186-187
　太陽風　174-175
火星　18，174
化石　27
カタツムリの寄生虫　131

カタトゥンボの雷　162
カタルーニャ地方　64-65
学校運営(危ない通学路)　60
カッパドキア　16-17，52-53
カナダ　122，166
　氷　70，179
　湖　12-13，172-173
カニの大移動　116-117
雷(落雷，稲妻)　162-163，165，168-169
カモフラージュ　134-135，138-141
カリフォルニア州　101
岩塩坑　36-37
棺桶(装飾を施した)　50-51
間欠泉　22-23，185
カンザス市立図書館　82
環水平アーク　154-155
岩石層(地層)　16-21，28-29，36
完全変態　123
カンタラット(タイ)　72
カンネシュタイネン・ロック　21
カンボジア　61，110
木(驚異的な)　86-87，96-103，110-111，142-143
キゲリア・アフリカナ　109
寄生虫　128-133
キソウテンガイ(植物)　108
北アイルランド(イギリス)　42-43
キツツキ　146-147
キツネザル　38，144-145
木の橋　96-97
牙　153
キバチ　131
気泡(メタンガスの)　172-173
求愛ダンス　126-127，149
吸虫　131
球電　165
キリン　119
グーグル・ストリートビュー　76-77
クーバーペディ(オーストラリア)　53
クジラ　150
薬
　植物で作る薬　98，102，107
　治療効果があるミネラル　4-5，12-13
クマムシ　129
クモ　124-127，140-141
雲
　環水平アーク　154-155
　雲が一番多い場所と一番少ない場所　170
　積乱雲　164-165
　乳房雲　182
　モーニング・グローリー　182-183
　レンズ雲　170-171
グラスウイング・バタフライ　136
グランド・プリズマティック・スプリング　30-31
グリーンランド　24-25，178
クリスタル・ケーブ　34-35，37
クリスタル洞窟　37
クリスマス島　116-117
グルン族　62-63
グレート・バリア・リーフ　76，141
ケニア　118-119
ケマンソウ　91
玄武岩　17，42-43
黄海　104-105
高層ビル　78-81
コウモリ　103，116，167
コウヨウチョウ　118-119
コウリバヤシ(行李葉ヤシ)　89
コウロウピタ・ギアネンシス　102-103
コエゾイタチ　147
氷(浮氷)　158-159
氷の形成物　178-179
氷のホテル　70
氷祭り　44-45
極楽鳥　127
コノハズク　140
コロワイ族　56-57

さ行

サイコトリア・エラータ　90-91
サウジアラビア王国　160-161
魚　113，130，141，148-151，153
砂岩　18-19，20，21，29
桜島　168-169
砂塵嵐　160-161
サッカー試合(高地)　81
さっぽろ雪まつり　70-71
ザトウクジラ　150
砂漠
　一番暑い　26-27，158-159
　自然の特徴　22-23，26-27，158-159，162-163
　植物　101，108
　砂嵐，砂塵嵐　160-161
　地上絵　46-47
　地図作成　76-77
サメ　125，148，151
猿顔蘭　92
猿の壺(ウツボカズラの仲間)　109
シェフシャウエン(モロッコ)　84-85
シェラーグボルテンの巨岩　32-33
ジェリーフィッシュ・レイク(クラゲの湖)　120
死海　9
磁気圏　174，175
地震　27，167
自然災害(予知)　125
死体花　106-107
自転車を飲み込んだ木　110-111
シモソア・エクシグア　130
ジャイアンツ・コーズウェー　42-43
ジャイアント・ハンツマン・スパイダー　124
シャンデリア・ツリー　101
宗教　84-85
ジュネーブ湖　156-157
昇華　177
ジョージア・ガイドストーン　158
ショクダイオオコンニャク　88-89
食虫植物　94-95，109
植物　86-113，123
　カラフルな植物　86-93，104-107，112-113
　臭い植物　88-89，102，106-107
　食虫植物　94-95，109
　治療効果のある植物　98，102，107
植物プランクトン　112-113
シロアリ塚　121
シンクホール　6-7
神道　84
シンド州(パキスタン)　124-125
シント・マールテン島　72-73
人類(初期の)　27
スイカ祭り(チンチラ・フェスティバル)　66
スイス　81，156-157，178
スーパーセルの嵐　164-165
砂嵐　160-161
スナップドラゴン(金魚草の仲間，噛みつき竜)　90
砂のフルグライト(閃電岩)　162-163
スペイン　121
　祭り　64-67
スポッテッド・レイク　12-13
スマトラ島　107
生物発光　105，112-113
セコイア(アメリカスギ)　101
石灰岩　6，7，14，16，39
セノーテ　14-15
戦争　11，13
センチュリープラント　89
ゾウ　68-69，118-119
ソーセージノキ　109
ソコトラ島　98-99
ソノラ砂漠　101
ソンクラーン水祭り　68-69

た行

タイ　60-61，68-69，72，93，186
大移動(動物の)　122-123
タイガー・ウッズ　81
大根の彫刻コンテスト　69
堆積岩　17
大ツィンギ　38-39
太陽
　温室効果　173
　環水平アーク　154-155
　太陽とペニテンテ　177
　太陽と藻　105
　太陽風　174-175
　日照時間　170
タコ　153
ダストデビル(塵旋風)　161
タツノオトシゴ　148-149
竜巻　166-167
　炎の竜巻　186-187

建物（変わった）　82-85
立山黒部アルペンルート　180-181
ダナキル低地　26-27
ダニ　128-129，132-133
ダフネ・メゼレウム　89
食べ物の投げ合い　66-67
タムリ村（モロッコ）　142-143
ダルヴァザのクレーター　6-7
丹霞（中国）　18-19
タンザニア　40-41
チェラプンジ（インド）　96-97
地球
　磁場　175
　大気圏　173，175
　地殻　19，27
地上絵　46-47
血の池地獄　30
乳房雲　182
チャールズ・ダーウィン　177
中国
　学校運営　60
　氷祭り　44-45
　地層　18-19
　兵馬俑　48-49
　マカオタワー　75
　藻の大発生（水の華）　104-105
チョウ　122-123，136-137
彫刻
　岩　54-55
　木　96
　氷　44-45
　雪　70-71
チョーク岩層の地上絵　42
チリコシー（アメリカ）　186-187
青島（中国）　104-105
チンチラ・フェスティバル　66
ツイスティー・トリート　82
ツィンギ・デ・ベマラ　38-39
月（衛星）　22，168，174，176
ツチボタル　113
津波　166-167
ツリーシェイピング　96
ツリーハウス　56-57
釣り祭り　69
ディオナエア・マスシプラ　94-95
デイブ・ロンガバーガー　82-83
ティラピア　41
デスバレー　158-159
デッケン・シファカ　38
テニスコート（最高所の）　80-81
デビッド・クルサード　81
デリンクユ（トルコ）　52-53
天気
　雨　28-29，124-125，157，159
　異常気象　164-167
　焼けつくような暑さ　26-27，158-159
洞窟　36-37
　地下都市　52-53
　洞窟に住む野生動物　113，116，124
　氷河の洞窟　34-35
　崩落　6，7，14，39
陶芸（陶器，ナスカ）　46
動物　114-153
　カモフラージュ　134-135，138-141
　寄生　128-133
　求愛行動　126-127，136-137，149
　自然災害の予知　125
　大移動　116-117，122-123，150-151
　動物のシャワー　167
　毒　114-115
　繁殖　116-119，122-123，148-149
　群れ　118-125，150-151
　友情　146
トウワタ（植物）　123
トキイロヒキガエル　141
土星　22，174
ドバイ　79，80-81
ドラクラ・シミア（ドラキュラ猿）　92
鳥　127，146-147，167
　営巣　40，121
　鳥と寄生虫　131
　鳥の群れ　118-119
砦（海砦）　11
トルクメニスタン　6-7
トルコ　4-5，16-17，52-53
トンネル
　セコイアのトンネル　101
　雪のトンネル　181

な行

ナーガ・ファイヤボール（ナーガの火の玉）　186
ナイジェリア　69
ナゴール　74-75
ナスカの地上絵　46-47
ナトロン湖　40-41
ナマコ　152
ナミブ砂漠　108
南極　25，174-175
南米
　永遠の嵐　162
　塩湖　8-9
　植物　92-93，102-103
　地上絵　46-47
　ペニテンテ　176-177
　虫　121，124，136-137
　山　28-29
肉穂花序　88
日本　70-71，168-169，180-181
ニュージーランド　113
熱帯雨林　88，91，102-103，106-107，136-137
ネパール　62-63
ネバダ州
　ブラックロック砂漠　22-23
　リトル・フィンランド　21，
ネペンテス・アッテンボロギ　95
ノクチルカ・シンチランス，ヤコウチュウ　105
ノルウェー　21，32-33

は行

バードゥ島　112-113
バード・オブ・パラダイス（植物）　91
ハエトリグサ　94-95
バオバブの木　100
パカライマ山脈　28-29
パキスタン　124-125
爆撃訓練　10-11
バクテリア　31，113，172
橋（独創的な）　60-61，96-97
バジャウ族　58
ハス（巨大な）　108
バスケット・ビル　82-83
ハタオリドリ　121
パタゴニア　37
ハチ　62-63，131
花　88-93，103，106-107
ハナビラクマノミ　130
ハニーハンター　62-63
バニヤン　56-57，96-97
バハマ　58-59，144
パプア州ニューギニア島（インドネシア）　56-57
パムッカレ（綿の宮殿，トルコ）　4-5
パラオ列島　120
パリクティン火山　11
ハリケーン・カトリーナ　166
ハルビン（中国）　44-45
バングラデシュ　62
バンジージャンプ　75
ハンツマン・スパイダー　124
ピーコック・スパイダー（クジャクグモ）　126-127
火の玉　186
ひょう（雹）　167
氷河　24-25，34-35
　氷河とフィヨルド　33
氷山（しま模様の）　178
ビル　82-85
ヒンズー教　84
ファーニチャーランド　82
ファイヤネード　186-187
フィカス・エラスティカ　96-97
フィヨルド　33
フィン・マックール　43
ブージャムツリー　101
フェスティバル（祭り）　44-45，64-71
フエルテベントゥーラ島（スペイン）　121
ブタ（泳ぐ）　144
ブニョール（スペイン）　66-67
ブラーノ島（ベネチア）　85
フライランチ・ガイザー　22-23
ブラジル　28-29，108
ブラジルナッツノキの仲間　102-103
ブラックペブルトード　29
ブラッケン洞窟　116
フラミンゴ　40
フリークライミング　78-79

フリーダイビング　58-59
プリズム　31
プリンス・エドワード諸島（南アフリカ共和国）　170
フルグライト（閃電岩）　162-163
ブルジュ・アル・アラブのヘリパッド　80-81
プレート　19，27
フロストビアード（霜のひげ）　178
フロストフラワー（霜の花）　179
噴気孔　184-185
ベイト・ボール　150-151
兵馬俑　48-49
ベースジャンピング　32，79
別府　30
ペニテンテ　176-177
ベネズエラ　28-29，162
ベネチア（イタリア）　85
ヘビに擬態するスズメガの幼虫　134-135
ペリト・モレノ氷河　34
ペルー　46-47，92，93
ベルチュレス（スペイン）　65
ベローシファカ　144-145
ペンテコスト島　74-75
砲丸の木　102-103
ホッキョクギツネ　140-141
ホテル（変わった）　8，17，70
炎のユリ（グロリオサ）　91
ホブゴブリンの遊び場　21
ポリネシア人　54-55
ボリビア　8-9
ボルネオ島　58，107

ま行

マーティン・ルメイ　147
マーブル洞窟　37
マウンセル海砦　11
マカオタワー　75
マダガスカル　38-39，100-101，109，138-139
　キツネザル　38，144-145
真っ赤な唇の植物　90-91
まつ毛ダニ（ニキビダニ）　132-133
マニトバ州（カナダ）　166-167
マホビーチ　72-73
マヤ人　14
マリエータ諸島　10-11
ミジンコウキクサ　106
湖
　硫黄　26-27
　塩湖　8-9，120
　強アルカリ塩湖　40-41
　ジェリーフィッシュ（クラゲ）　120
　スポッテッド・レイク　12-13
　メタン　172-173
みぞれ　157
ミツバチラン　93
ミツマタヤリウオ　153
南アフリカ共和国　150-151，170
ミネラル
　カラフルなミネラル　12-13，18-19，22-23，41，178
　治療効果のあるミネラル　4-5，12-13
メキシコ　10-11，14-15，37，69，122-123
メコン川　60-61，186
メタン　172-173
メンダコ　153
藻
　エサになる藻　40，41，120
　カラフルな藻　22-23，104-105，178
　水の華　104-105
モアイ　54-55
モーニング・グローリー　182-183
木星　174
モルディブ共和国　112-113
モロッコ　84-85，142-143
モンスーンの雨　39，124-125

や行

ヤギ　142-143
やぐら（塔，タワー）
　ナゴールのやぐら　74-75
　人間の塔　64-65
　フリークライミング　78-79
ヤドクガエル　114-115
　ペニテンテ　176-177
　山とレンズ雲　170-171
山（山脈）　28-29，180-181
ヤマビタイヘラオヤモリ　139
ヤモリ　138-139
有毒植物　89
ユカタン半島　14-15
雪
　ペニテンテ　176-177
　雪が降る仕組み　157
　雪の煙突　184-185
　雪の壁　180-181
　雪の彫刻　70-71
　雪のトンネル　181
　雪まくり　184
ユダヤ教　84-85
ユマ（アリゾナ州）　170
ヨーロッパアオゲラ　146-147

ら行

ラーオ族　60-61
ライオン　119
楽園のビーチ　10-11
ラクダ　76-77
ラシュモア山　54
ラディッシュの夜　69
ラ・トマティーナ（トマト祭り）　66-67
ラブカ　148
ラフレシア・アルノルディ　106-107
ラン（蘭）　92-93
卵胎生の動物　148
リチウム　9
リトル・フィンランド（小さなヒレの国，アメリカ）　21
リヤド（サウジアラビア王国）　160-161
竜血樹　98-99
硫酸マグネシウム　13
旅客機（低空飛行）　72-73
リワ砂漠　76-77
「ルーシー」（化石）　27
ルブロンオオツチグモ　124
レインボーユーカリの木　86-87
ロイコクロリディウム・パラドクサム　131
レンズ雲　170-171
ローリー・マキロイ　81
ロシア　36-37
ロジャー・フェデラー　80-81
ロッキーマウンテン・ウッドチック　128-129
ロライマ山　28-29

わ行

ワイトモ洞窟　113
惑星　18，174
　月（衛生）　22，168，174，176

謝《しゃ》辞《じ》

Dorling Kindersley would like to thank: Hazel Beynon for proofreading; Jackie Brind for indexing; Carron Brown and Fleur Star for editorial assistance; Rachael Grady, Spencer Holbrook, and Steve Woosnam-Savage for design assistance; Steve Crozier for creative retouching.

The publisher would like to thank the following for their kind permission to reproduce their photographs:

(Key: a–above; b–below/bottom; c–centre; f–far; l–left; r–right; t–top)

1 Ardea: Thomas Marent **2 Corbis**: Paul Williams – Funkystock / imageBROKER (tr). **naturepl.com**: Visuals Unlimited (br). **3 age fotostock**: Iain Masterton (tr). **Alamy Images**: Ivan Kuzmin (c). **Dreamstime.com**: Exposurestonature (bl). **National News and Pictures / National News Press Agency**: Ken Rotberg Photography (cra). **4-5 Corbis**: Paul Williams – Funkystock / imageBROKER. **6 Corbis**: Ulises Rodriguez / epa (br). **6-7 Tormod Sandtorv**. **8 Alamy Images**: age fotostock (bl). **8-9 Corbis**: Kazuyoshi Nomachi. **10-11 Getty Images**: Mark D Callanan. **11 Alamy Images**: adp-stock (br). **Dreamstime.com**: Jesús Eloy Ramos Lara (tr). **12 Alamy Images**: All Canada Photos (bl). **12-13 Corbis**: Gunter Marx Photography. **14 Alamy Images**: National Geographic Image Collection (bl). **14-15 National Geographic Creative**: John Stanmeyer. **16-17 123RF.com**: derege. **17 Alamy Images**: Sergey Podkolzin (tc). **18-19 Corbis**: Imaginechina. **18 Corbis**: Viking 1 (bl). **20 Corbis**: Michele Falzone / JAI (b). **21 Fotolia**: janmiko (bl). **Getty Images**: Suzanne and Nick Geary (cr). **Masterfile**: Frank Krahmer (tr). **22-23 Alamy Images**: blickwinkel. **22 NASA**: JPL / Space Science Institute (bl). **24-25 Alfred-Wegener-Institute for Polar and Marine Research**. **25 Corbis**: George Steinmetz (br). **26-27 Corbis**: Christophe Boisvieux / Hemis. **27 Corbis**: Christophe Boisvieux (br). **28-29 Corbis**: Martin Harvey. **29 FLPA**: Chien Lee / Minden Pictures (br). **30 Corbis**: Marco Stoppato & Amanda Ronzoni / Visuals Unlimited (bl). **32-33 7ty9 / flickr**. **33 Getty Images**: Barcroft Media (br). **34-35 Iurie Belegurschi**. **35 Corbis**: Aaron McCoy / Robert Harding World Imagery (bl). **36-37 Caters News Agency**: Mikhail Mishainik (b). **37 Getty Images**: Linde Waidehofer / Barcroft Media (cr). **Science Photo Library**: Javier Trueba / MSF (tr). **38 National Geographic Creative**: Stephen Alvarez (bl). **38-39 National Geographic Creative**: Stephen Alvarez. **40-41 FLPA**: Gerry Ellis / Minden Pictures. **41 Corbis**: Anup Shah (bl). **42-43 AWL Images**: Paul Harris. **42 Corbis**: Jason Reeve / Demotix (bl). **44-45 age fotostock**: Iain Masterton. **46-47 AWL Images**: Max Milligan. **47 DK Images**: Angela Coppola / University of Pennsylvania Museum of Archaeology and Anthropology (bc). **48-49 Alamy Images**: Paul Springett 10. **48 Rex Features**: Imaginechina (bl). **50 Alamy Images**: dpa picture alliance archive (b). **Corbis**: Wolfgang Rattay / Reuters (cl). **51 Corbis**: Wolfgang Rattay / Reuters (br). **Getty Images**: William West / AFP (tl). **TopFoto.co.uk**: ullsteinbild (cl). **52-53 Stuart Jackson Carter**. **53 Corbis**: Marc Dozier (bc). **54 Alamy Images**: Blaine Harrington III (cr). **54-55 Getty Images**: Moment Open. **56-57 Gavin Thurston**. **57 Rex Features**: Paul Raffaele (bl). **58 Getty Images**: Timothy Allen (bl). **58-59 Frederic Buyle**: (tr). **60-61 Getty Images**: Timothy Allen. **60 Rex Features**: HAP / Quirky China News (bl). **62 Alamy Images**: Pacific Press. **62-63 Dima Chatrov**. **64-65 Alamy Images**: Prisma Bildagentur AG. **65 Getty Images**: Sergio Camacho (br). **66-67 Getty Images**: Juergen Richter / LOOK-foto. **66 Rex Features**: Liam Kidston / Newspix (cl). **68-69 Corbis**: Chaiwat Subprasom / Reuters (b). **69 age fotostock**: Danita Delimont Agency (cr). **Getty Images**: Eye Ubiquitous / Contributor (tl). **70 Alamy Images**: Hemis (bl). **70-71 Corbis**: Steve Kaufman. **72 Getty Images**: Patrick Aventurier / Gamma-Rapho (bl). **72-73 Alamy Images**: Jim Kidd. **74-75 Alamy Images**: Steve Davey Photography. **75 Alamy Images**: Danita Delimont (cr). **76-77 Google**. **76 Google**: Street View (bl). **78-79 Getty Images**: Stringer / AFP. **79 Alamy Images**: Robert Harding World Imagery (bl). **80-81 Corbis**: epa. **81 Corbis**: Michael Buholzer / Reuters (tr). **82-83 Alamy Images**: David R. Frazier Photolibrary, Inc.. **82 Alamy Images**: Nancy Hoyt Belcher (bl). **84-85 Corbis**: LWA / Larry Williams / Blend Images. **85 Alamy Images**: Jon Arnold Images Ltd (tl). **86-87 Dreamstime.com**: Exposurestonature. **88-89 Corbis**: Alcibbum Photography. **89 Andrea Moro**: (tr). **90-91 Science Photo Library**: Dr Morley Read. **90 laajala/flickr**: (bl). **92 Caters News Agency**: Eeerkia Schulz (b). **93 Alamy Images**: age fotostock (bl); David Bigwood (cr). **NOLEHACE Orchid Photography**: (tr). **94 FLPA**: Photo Researchers (l). **94-95 FLPA**: Photo Researchers (b). **95 Corbis**: Ch'ien Lee / Minden Pictures (br). **FLPA**: Photo Researchers (r). **96-97 Rex Features**: Amos Chapple. **96 Pooktre / Peter Cook and Becky Northey**: (tl). **98-99 SuperStock**: Sara Janini / age fotostock. **98 SuperStock**: Morales / age fotostock (bl). **100-101 Getty Images**: Cultura Travel / Romona Robbins Photography (b). **101 Alamy Images**: Prisma Bildagentur AG (l); Susan Pease (cr). **102 Alamy Images**: Ecoimage (bl). **102-103 GAP Photos**: Richard Wareham. **104-105 Alamy Images**: epa european pressphoto agency b.v.. **105 Getty Images**: Lam Yik Fei (bc). **106-107 Corbis**: Taylor Lockwood / Visuals Unlimited. **107 biology-forums.com**: (bl). **108 Alamy Images**: imageBROKER (bl). **Corbis**: Josef Beck / imageBROKER (cr). **109 Alamy Images**: Arco Images GmbH (cl). **Corbis**: Ch'ien Lee / Minden Pictures (r). **110 Corbis**: Marc Dozier (cl). **110-111 Getty Images**: Blend Images. **112-113 Corbis**: Doug Perrine / Nature Picture Library. **113 Science Photo Library**: Brian Brake (crb). **114-115 Alamy Images**: Ivan Kuzmin. **116 Corbis**: Michael Durham / Minden Pictures (bl). **116-117 Caters News Agency**: Gary Tindale. **118-119 Caters News Agency**: Antero Topp. **119 Photoshot**: NHPA (br). **120 Alamy Images**: Ethan Daniels (b). **121 Corbis**: Juan Medina / Reuters (tl); Michael Edwards / Great Stock (br). **Rex Features**: Mint Images (cl). **122-123 FLPA**: Frans Lanting. **123 Alamy Images**: Marvin Dembinsky Photo Associates (cr). **124-125 Corbis**: Department for International Development / Russell Watkins. **125 Corbis**: Stephen Frink (br). **126-127 Jurgen Otto**. **127 Corbis**: Tim Laman / National Geographic Creative (br). **128 Corbis**: Dr. David Phillips / Visuals Unlimited (br). **128-129 Science Photo Library**: Eye Of Science. **129 Science Photo Library**: Eye Of Science (br). **130 Alamy Images**: Ethan Daniels (b). **131 Alamy Images**: Frank Hecker (cl); Michael Doolittle (tr). **FLPA**: Gianpiero Ferrari (br). **132-133 Science Photo Library**: Eye Of Science. **133 Alamy Images**: Science Photo Library (br). **134-135 Science Photo Library**: Dr George Beccaloni. **135 Richard Seaman**: (tr). **136 Corbis**: Michael Weber / imageBROKER (bl). **136-137 naturepl.com**: Visuals Unlimited. **137 Getty Images**: Visuals Unlimited, Inc. / Thomas Marent. **138-139 Ardea**: Thomas Marent. **139 Alamy Images**: Scott Buckel (tr). **140-141 FLPA**: Matthias Breiter / Minden Pictures (b); Thomas Marent / Minden Pictures (t). **140 Getty Images**: Gallo Images (cl). **141 Dreamstime.com**: Seatraveler (tr). **FLPA**: Gianpiero Ferrari (br). **142-143 Alamy Images**: Paul Strawson. **143 Alamy Images**: AGF Srl (bl). **144 FLPA**: Hugh Lansdown. **Getty Images**: Jim Abernethy (bl). **145 FLPA**: Hugh Lansdown (l, r). **146 Press Association Images**: Peter Morrison / AP (bl). **146-147 Martin Le-May**. **148 FLPA**: Kelvin Aitken / Biosphoto (bl). **148-149 OceanwideImages.com**: Rudie Kuiter. **150-151 Science Photo Library**: Christopher Swann. **151 Alamy Images**: WaterFrame (bl). **152 Corbis**: Larry Madin / WHOI / Visuals Unlimited (b). **153 Corbis**: Wim van Egmond / Visuals Unlimited (tl). **FLPA**: Norbert Wu / Minden Pictures (br). **Science Photo Library**: Dante Fenolio (cl). **154-155 National News and Pictures / National News Press Agency**: Ken Rotberg Photography. **156-157 Corbis**: Mark Tomalty / Aurora Photos. **156 SuperStock**: Prisma (bl). **158 Dreamstime.com**: Sean Pavone (cr). **158-159 Alamy Images**: Carver Mostardi. **160-161 Press Association Images**: Jad Saab / AP. **161 Alamy Images**: John Warburton-Lee Photography (tr). **162-163 Alamy Images**: imageBROKER. **162 Corbis**: Tourism Ministry / Xinhua Press (tl). **164-165 Stephen Locke**. **165 Alamy Images**: Thierry Grun (cr). **166 Corbis**: Mike Theiss / Ultimate Chase (cl). **166-167 Corbis**: Reuters (t); Wave (b). **167 Corbis**: Eric Nguyen (tr). **Press Association Images**: Stephen B. Thornton / AP (br). **168-169 Martin Rietze**. **168 NASA**: JPL / University of Arizona (bl). **170 Dreamstime.com**: Matt Dobson (bl). **170-171 Brian Middleton**. **172-173 Getty Images**: Photographer's Choice. **173 Corbis**: Mark Thiessen / National Geographic Creative (br). **174-175 Science Photo Library**: NASA. **174 NASA**: ESA / J.T. Trauger (Jet Propulsion Laboratory) (bl). **176 NASA**: JPL-Caltech / SETI Institute (bl). **176-177 Stephan Kenzelmann**. **178 Alamy Images**: blickwinkel (br). **Getty Images**: Thomas Marent (cl). **179 Corbis**: Tatyana Zenkovich / epa (br). **Getty Images**: Photolibrary (t). **180-181 Getty Images**: UniversalImagesGroup / Contributor. **181 Corbis**: CJ Gunther / epa (tr). **182-183 Mick Petroff**. **184-185 Corbis**: Gerald & Buff Corsi / Visuals Unlimited. **184 National Geographic Creative**: George Steinmetz (bl). **186 Alamy Images**: Triangle Travels (br). **186-187 Barcroft Media Ltd.**: Janae Copelin

For further information see:
www.dkimages.com